中国地质大学(武汉)实验教学系列教材
中国地质大学(武汉)实验教材项目(SJC-202304)资助

环境监测实验

HUANJING JIANCE SHIYAN

徐佳丽　邢新丽　童　蕾　李民敬　编著

图书在版编目(CIP)数据

环境监测实验/徐佳丽等编著. —武汉:中国地质大学出版社,2024.9. -- (中国地质大学(武汉)实验教学系列教材). -- ISBN 978-7-5625-5959-7

Ⅰ.X83-33

中国国家版本馆 CIP 数据核字第 2024QF2588 号

环境监测实验			徐佳丽　邢新丽　童　蕾　李民敬　编著
责任编辑:何　煦	选题策划:江广长　王凤林　何　煦		责任校对:徐蕾蕾

出版发行:中国地质大学出版社(武汉市洪山区鲁磨路388号)	邮政编码:430074
电　　话:(027)67883511　　传　　真:67883580	E-mail:cbb@cug.edu.cn
经　　销:全国新华书店	https://www.cugp.cug.edu.cn

开本:787 毫米×1092 毫米 1/16	字数:237 千字	印张:9.25
版次:2024 年 9 月第 1 版	印次:2024 年 9 月第 1 次印刷	
印刷:武汉市籍缘印刷厂		

ISBN 978-7-5625-5959-7　　　　　　　　　　　　　　　　　　定价:32.00 元

如有印装质量问题请与印刷厂联系调换

前　言

"环境监测实验"是环境工程专业学生必修的基础课程之一。学生通过这门课程可以学习环境监测实验的基本知识、环境样品的处理方法和检测等内容。课程主要涵盖水质、空气质量、土壤污染物以及环境噪声等方面的监测内容。通过学习课程,学生将深入了解环境监测的原理和过程,掌握环境样品处理和分析的方法,熟练掌握相关操作技能,熟悉各种仪器设备的使用方法,并具备在环境监测领域分析和解决问题的能力。

本实验教材以《环境监测》理论教材内容为基础,编写时参考和借鉴了大量相关专业的实验教材及国家标准,并结合了学校专业特点。本教材包括三个部分。第一部分为绪论,包括环境监测市场现状分析,环境监测实验室安全知识、规范要求以及环境监测实验质量保证与质量控制等内容。第二部分包括第二章至第五章,是环境监测的实验内容,为全书的核心内容,包括水、土、气、声等相关实验。每个实验都包括实验目的、实验原理、所用仪器和材料、实验步骤等相关内容。第三部分为第六章课堂综合性实验设计。

本实验教材的编写理念是通过全书的学习,使学生意识到环境监测的重要性并掌握设计实验的方法,加深对典型污染物测定的理解,提升实践能力,旨在培养学生综合思考和解决问题的能力及团队协作精神。我们期待使用本实验教材的老师和学生能够积极交流心得体会,共同提高环境监测实验课程教学水平,实现资源共享、优势互补,提高环境监测实验课程的教学质量,以满足本校及合作院校学生多样化的学习需求。

本实验教材获得中国地质大学(武汉)实验技术项目实验教材项目(SJC-202304)和2023年度环境学院本科教材建设项目的资助。

本实验教材由我主笔。在撰写过程中,邢新丽教授、童蕾教授和李民敬副教授审阅书稿,提出许多宝贵的修改意见;研究生周俊鹏、肖正弘、谢晓阳和陈怡也提供了帮助,在此表示感谢。

由于本教材涉及面广,编者水平有限,书中难免存在疏忽和不足之处,恳请广大读者批评指正。

徐佳丽
2024 年 4 月 22 日

目 录

第一章 绪 论 ... 1
第一节 环境监测市场分析 ... 1
第二节 环境监测实验室安全知识及规范要求 ... 3
第三节 环境监测实验质量保证和质量控制 ... 5

第二章 水质监测实验 ... 9
实验一 水样悬浮物的测定（滤膜法） ... 9
实验二 水样浊度的测定（浊度仪法） ... 11
实验三 水样 pH 值的测定 ... 13
实验四 水样溶解氧的测定 ... 16
实验五 水中碱度的测定（酸碱滴定法） ... 21
实验六 水中六价铬的测定（二苯碳酰二肼分光光度法） ... 25
实验七 水中氨氮的测定（水杨酸分光光度法） ... 28
实验八 水中总磷的测定（钼酸铵分光光度法） ... 31
实验九 水中总氮的测定（碱性过硫酸钾消解紫外分光光度法） ... 35
实验十 水中化学需氧量（COD_{Cr}）的测定（快速消解分光光度法） ... 38
实验十一 水中无机阴离子的测定（离子色谱法） ... 41
实验十二 水中砷的测定（原子荧光光谱法） ... 47
实验十三 水中汞的测定（原子荧光光谱法） ... 51

第三章 土壤监测实验 ... 55
实验一 土壤 pH 值的测定 ... 55
实验二 土壤水分的测定 ... 57
实验三 土壤水溶性盐总量的测定 ... 58
实验四 土壤总磷的测定（碱熔-钼锑抗分光光度法） ... 60
实验五 土壤氨氮的测定（氯化钾溶液提取分光光度法） ... 64

实验六　土壤有效磷的测定（碳酸氢钠浸提钼锑抗分光光度法）············· 68
实验七　土壤汞、砷、硒、铋、锑的测定（微波消解原子荧光法）············· 72
实验八　土壤中总汞的测定（催化热解冷原子吸收分光光度法）············· 79
实验九　土壤中金属元素的测定（王水消解电感耦合等离子体法）············· 83
实验十　土壤全氮（凯氏氮）的测定（自动定氮仪法）············· 89
实验十一　土壤有机质的测定（重铬酸钾氧化外加热法）············· 93

第四章　空气环境质量监测实验············· 96
实验一　空气 PM_{10} 和 $PM_{2.5}$ 的测定（重量法）············· 96
实验二　空气中氮氧化物的测定（盐酸萘乙二胺分光光度法）············· 99
实验三　空气中甲醛的测定（酚试剂分光光度法）············· 104
实验四　空气中氨的测定（水杨酸分光光度法）············· 108
实验五　空气中一氧化碳的测定（非色散红外吸收法）············· 111
实验六　空气中二氧化硫的测定（紫外荧光法）············· 114

第五章　环境噪声监测实验············· 117
实验一　城市交通噪声监测············· 117
实验二　社会生活环境噪声监测············· 123

第六章　课堂综合性实验设计············· 128
实验一　校园水环境监测方案············· 128
实验二　校园土壤环境质量监测方案············· 130
实验三　校园空气质量监测方案············· 133
实验四　校园噪声环境质量监测方案············· 134

主要参考文献············· 137

第一章 绪 论

第一节 环境监测市场分析

1. 环境监测的相关规定

环境保护是我国的一项基本国策,国家制定了一系列的环境保护法律法规和政策措施,以推动环境监测行业的发展。"十三五"期间,党中央、国务院对生态环境监测网络建设、管理体制改革、数据质量提升作出一系列重大部署,为打好污染防治攻坚战提供了强劲支撑。生态环境监测是生态环境保护的基础,是生态文明建设的重要支撑。"十四五"时期,生态环境质量改善进入了由量变到质变的关键时期,生态环境治理的复杂性、艰巨性更加凸显。《"十四五"生态环境领域科技创新专项规划》《"十四五"生态环境监测规划》等文件都明确了要大力发展环境监测行业,深入开展空气、水、土壤、海洋、声、生态、污染源等监测工作,提高监测技术水平和能力,推动监测仪器设备的国产化和提高自主创新能力。

"十三五"以来,全国生态环境监测市场规模快速扩张。监测社会化市场从小到大、由弱变强。根据 2021 年 12 月生态环境部印发的《"十四五"生态环境监测规划》,到 2025 年,政府主导、部门协同、企业履责、社会参与、公众监督的"大监测"格局更加成熟定型,高质量监测网络更加完善,以排污许可制为核心的固定污染源监测监管体系基本形成,监测数据真实、准确、全面。

2020 年发布的《生态环境监测规划纲要(2020—2035 年)》强调了生态环境监测在生态环境保护中的基础地位,以及作为生态文明建设的重要支撑作用。2022 年发布的系列环境监测方法、标准及规范提到多个环境监测方法得到实施,包括土壤和沉积物中多溴联苯的测定、水质中邻苯二甲酸酯类化合物的测定,以及排污单位自行监测技术指南等。2023 年发布的《国家生态环境监测标准预研究工作细则(试行)》旨在加强国家生态环境监测标准的前期研究和技术储备,提高生态环境监测标准制、修、订的质量和效率,规范生态环境监测标准预研究工作。2024 年公布的《关于加快建立现代化生态环境监测体系的实施意见》明确了未来 5 年中国将加速推进生态环境监测的数智化转型,实施四大监测能力建设工程,并到 2035 年基本建成现代化生态环境监测体系。

近年来环境监测相关规定强调了监测的规范性、准确性、全面性和及时性,同时加强了环境监测结果的公开和信息共享,以更好地应对环境问题,保护生态环境。

2. 环境监测的目的

环境监测是通过检测人类活动产生的环境影响物质的含量、排放量,跟踪环境质量的变化,确定环境质量水平,为环境管理、污染治理等工作提供基础和保障。通常包括明确目的、制定方案、优化布点、现场采样、样品运送、实验室分析、数据收集、综合分析等过程。环境监测的总目的是准确、及时、全面地反映环境质量现状及发展趋势,为环境管理、污染源控制、环境规划等提供科学依据。具体包括以下几点。

（1）根据环境质量标准评价环境质量。

（2）根据污染物特点、排放特征和环境条件,开展污染源监控,提供污染变化趋势,为实现监督管理、控制污染提供依据。

（3）收集本底数据,积累长期监测资料,为研究环境容量、实施总量控制和目标管理、预测预报环境质量提供数据参考。

（4）为环境污染事故的应急处置提供依据。

（5）为保护人类健康、环境,合理使用自然资源,制定环境法规、标准、规划等。

3. 环境监测的意义

（1）通过环境监测,获得代表环境质量现状的数据,判断环境质量是否符合国家制定的环境质量标准,揭示当前主要的环境问题。

（2）查明环境污染最严重的区域及其重要的污染因子,将该区域作为主要管理对象,评价该区域环境污染防治对策和措施的实际效果。

（3）通过环境监测,评价环保设施的性能,为综合防治对策的提出提供基础数据。

（4）通过环境监测,追踪污染物的污染特征和污染源,判断各类污染源造成的环境影响,预测污染的发展趋势。

（5）通过环境监测,验证和建立环境污染模式,对新污染源的环境影响进行评价。

（6）积累长期监测资料,为研究环境容量、实施总量控制提供基础数据。

（7）通过积累大量的不同地区的环境监测数据,并结合当前和今后一段时间内我国科学技术与经济发展水平,制定切实可行的环境保护法规和环境质量标准。

（8）通过环境监测,不断发现新的污染因子和环境问题,研究污染成因、污染物迁移和转化规律,为环境保护和科学研究提供可靠的数据。

（9）通过对污染事故的监测,快速制定处置方案,减少环境危害,保护人类健康。

4. 环境监测行业未来的发展趋势

环境监测行业未来将朝着智能化、自动化、多元化、标准化和跨界融合的方向发展。随着技术的进步和不断创新，环境监测将更加高效，结果将更加可靠，以满足不同用户的需求。同时，跨界融合也将成为行业发展的新趋势，推动环境监测领域与其他领域的深度融合，促进产业转型升级和可持续发展。未来发展趋势具体如下。

（1）政策驱动：随着"十四五"规划的实施，各级政府将加大对环境监测的投入，推动环境监测行业的发展。同时，一系列环保政策的出台也将为环境监测市场提供广阔的空间。

（2）污染源监管：为了实现"十四五"规划中的生态环境保护目标，对污染源的监管将更加严格。这将促使企业加强自身的环境监测能力，以满足环保部门的要求，从而推动环境监测市场需求的增长。

（3）社会关注度提升：随着人们环境保护意识的提高，公众对环境质量的要求也越来越高。环境监测数据作为反映环境质量的重要依据，其准确性和可靠性受到广泛关注。

（4）技术创新：随着科技的不断进步，环境监测技术也在不断创新。未来，环境监测将更加依赖先进的技术手段，如遥感监测、物联网技术等，以提高监测效率和结果的准确性。

第二节　环境监测实验室安全知识及规范要求

实验室安全是指在实验室环境中采取一系列的措施和规范，以管理和控制可能存在的危险与风险，确保实验人员、实验设备和环境的安全。实验室安全的重要性不言而喻，它是实验教学工作正常进行的基本保证。

想要确保实验室安全可以采取一些有效措施，如实施安全培训、规范实验操作、正确使用实验设备、正确处理实验废物等。它要求实验室建设必须符合相关安全标准和法规，以及实验室所在单位或组织制定实验室安全管理制度。同时，实验室安全也涉及实验室人员的职责和义务，要求所有人员都必须具备基本的安全意识和操作技能。

1. 相关安全知识

1）化学品安全

（1）化学品标识与储存：所有化学品应有清晰可见的标识，并储存在专用柜内，远离火源和热源。易燃、易爆、有毒化学品应特别标记并妥善保管。

(2) 化学品使用:在使用化学品时,应穿戴适当的防护装备,如戴防护眼镜、手套、穿着实验服。避免化学品直接接触皮肤和吸入有害气体。

(3) 废液处理:实验产生的废液应按规定处理,不可随意倾倒。有毒废液应使用专用容器收集,并交由专业机构处理。

(4) 有毒化学品:在使用有毒化学品时应特别小心。若反应过程中会产生有毒液体或气体,应在通风橱内操作,以避免对实验人员的危害。当有毒物质为液体或气体形式时,它被人吸入或通过皮肤吸收的危险是显而易见的。当有毒物为固体形式时,实验人员还存在吸入有毒粉尘或吞咽指甲或皮肤上有毒残留物的危险,处理有毒物质时,应佩戴手套和使用其他适当的防护装备。更全面的保护措施是使用手套箱或者其他封闭系统。

2) 电气安全

(1) 电气设备的使用:使用电气设备时,应确保电源插头、插座和电线完好无损。不要使用破损或老化的电气设备。

(2) 防止触电:在进行实验时,避免用湿手接触电气设备。定期检查电气设备,确保其接地良好,防止漏电。

3) 防火安全

(1) 禁止吸烟:实验室内严禁吸烟,以防火灾风险。

(2) 易燃物品管理:易燃物品应存放在阴凉通风处,远离火源。实验过程中,若使用易燃物品,应特别小心,确保周围无明火。对于易燃、易爆的试剂,如乙醇、乙醚、二硫化碳、丙酮等,应远离火源,禁止用明火加热。回流、蒸馏时装置不能漏气,保持室内空气通畅,防止因泄漏或操作不当引发火灾或爆炸。

4) 生物安全

(1) 微生物操作:在进行微生物实验时应严格遵守操作规程,避免微生物污染和扩散。

(2) 生物废弃物处理:生物废弃物应使用专用容器收集,并交由专业机构处理,以防止疾病传播和环境污染。

5) 个人防护

(1) 实验服与防护装备:进入实验室时,应穿戴实验服和适当的防护装备,如护目镜、手套等。

(2) 实验习惯:保持实验区域整洁,避免在实验室内饮食或放置与实验无关的物品。

6) 应急处理

(1) 熟悉应急预案:实验室人员应熟悉应急预案,包括火灾、化学品泄漏等突发事件的应对措施。

(2) 急救知识：应了解并掌握基本的急救知识。例如，被玻璃割伤时应及时挤出污血，用消毒镊子取出碎玻璃，清洗并给伤口消毒；酸碱液或溴液溅入眼中时，应立即用大量清水冲洗，并视液体的性质选择适当的冲洗液，然后送医院进一步治疗；皮肤被酸、碱液或溴液灼伤时，应先用水冲洗，再用适当的溶液中和，最后涂上药用凡士林。

2. 规范要求

(1) 实验室标识：实验室应贴名副其实的标签，严禁内容物与外标签不符，以防误用或混淆试剂。

(2) 物品存放：冰箱内禁放易挥发试剂，以防因挥发导致安全隐患。同时，易燃易爆物品应存放在指定的安全区域，并遵循相关的储存和管理规定。

(3) 设备使用与维护：对于电气设备，应予以保护，防止因电源乱放乱丢导致的触电现象。同时，应定期对环境监测设备、器材进行维护，确保其正常工作和运转。如发现设备异常，应立即请专业维修工人进行检查和维修。

(4) 环境监测与记录：实验室应定期进行温度、湿度和噪声的监测，并记录监测结果。这些监测数据对于确保实验的可重复性和结果的准确性至关重要。同时，应根据相关标准要求，确保实验室的噪声水平不会对实验人员的健康和安全造成影响。

针对特定的环境监测任务，如水质监测、土壤环境监测和噪声水平监测等，还有更为详细的规范要求。水质监测应对水体中的重金属、有机物、营养盐和微生物等污染物进行检测；土壤质量监测应关注土壤污染物的浓度和分布情况；噪声水平监测则是为了了解噪声来源及其对周围环境和人类健康的影响。

环境监测实验安全知识及规范要求涉及多个方面，实验人员应严格遵守相关规定，确保实验过程的安全和结果的准确。同时，实验室管理者也应加强对实验人员的培训和管理，提高实验室的整体安全水平。

第三节　环境监测实验质量保证和质量控制

监测中所得到的许多物理、化学和生物学数据，是描述和评价环境质量的基本依据，因此对数据的准确度有一定的要求。但是，分析方法、测量仪器、试剂药品、环境因素以及分析人员主观条件等方面的限制，使得测定结果与真实值可能不一致，在环境监测中存在误差。

1. 误差及其分类

误差是分析结果（测量值）与真实值之间的差值。根据误差的性质和来源，可将误差分为系统误差和偶然误差。

(1) 系统误差又称可测误差、恒定误差,是由分析测量过程中某些恒定因素造成的,在一定条件下具有重现性。系统误差并不会因增加测量次数而减小。产生系统误差的原因有方法误差、仪器误差、试剂误差、恒定的个人误差和环境误差等。可以通过采取不同的方法,如校准仪器,进行空白试验、对照实验、回收实验,制定标准规程等而得到适当的校正,使系统误差减小或消除。

(2) 偶然误差又称随机误差或不可测误差,是由分析测定过程中各种偶然因素造成的。这些偶然因素包括测定时温度的变化、电压的波动、仪器的噪声、分析人员的判断能力等。它们所引起的误差有时大、有时小、有时正、有时负,没有规律性,难以发现和控制。在消除系统误差后,在相同条件下多次测量,偶然误差遵从正态分布规律,当测定次数无限多时,偶然误差可以消除。但是,在实际的环境监测分析中,测定次数有限,从而使得偶然误差不可避免。要想减小偶然误差,需要适当增加测定次数。

2. 误差的表示方法

(1) 准确度:是指用一个特定的分析程序所获得的分析结果(单次测定值或重复测定值的均值)与假定的或公认的真值之间符合程度的度量。它是反映分析方法或测量系统存在的系统误差和偶然误差两者的综合指标,并决定分析结果的可靠性。准确度用绝对误差和相对误差表示。

评价准确度的方法有两种:第一种是用某一方法分析标准物质,据其结果确定准确度;第二种是"加标回收"法,即在样品中加入标准物质,测定其回收率,以确定准确度。进行多次回收实验还可发现方法的系统误差,这是目前常用而方便的方法,其计算式如下:

$$回收率 = 加标试样测定值 - 试样测定值 \times 100\%$$

(2) 精密度:是指用一特定的分析程序在受控条件下重复分析均一样品所得测定值的一致程度。它反映了分析方法或测量系统所存在的随机误差的大小。

(3) 灵敏度:分析方法的灵敏度是指该方法对单位浓度或单位量待测物质的变化所引起的响应量变化的程度。它可以用仪器的响应量或其他指示量与对应的待测物质的浓度或量之比来表示,因此常用标准曲线的斜率来度量灵敏度。灵敏度因实验条件而变。标准曲线的直线部分用下式表示:

$$A = kc + a$$

式中:A 表示仪器的响应量;k 表示方法的灵敏度,k 值大,说明方法灵敏度高;c 表示待测物质的浓度(mg/L);a 表示标准曲线的截距。

(4) 检测限:指某一分析方法在给定的可靠程度内可以从样品中检测待测物质的最小浓度或最小量。所谓检测是指定性检测,即断定样品中确定存在浓度高于空白的待测物质。检测限有以下几种规定。

① 分光光度法中规定,以扣除空白值后,吸光度为 0.01 时相对应的浓度值为检测限。

② 气相色谱法中规定,检测器产生的响应信号为噪声值 2 倍时的量。最小检测浓度是指最小检测量与进样量(体积)之比。

③ 离子选择性电极法规定,某一方法的标准曲线的直线部分外延的延长线与通过空白电位且平行于浓度轴的直线相交时,其交点所对应的浓度值即为检测限。

④《全球环境监测系统水监测操作指南》中规定,给定置信水平为 95% 时,样品浓度的一次测定值与零浓度样品的一次测定值有显著性差异,即为检测限(L)。当空白测定次数 n 大于 20 时

$$L = 4.6 \sigma_{wb}$$

式中:σ_{wb} 表示空白平行测定(批内)标准偏差。检测上限是指标准曲线直线部分的最高限点(弯曲点)对应的浓度值。

(5) 测定限:测定限包括测定下限和测定上限。测定下限是指在测定误差能满足预定要求的前提下,用特定方法能够准确地定量测定物质的最小浓度或量;测定上限是指在限定误差能满足预定要求的前提下,用特定方法能够准确地定量测定待测物质的最大浓度或量。最佳测定范围又称有效测定范围,是指在限定误差能满足预定要求的前提下,特定方法的测定下限到测定上限之间的浓度范围。方法运用范围是指某一特定方法中检测下限至检测上限之间的浓度范围,显然,最佳测定范围应小于方法适用范围。

3. 质量保证与质量控制

对于均匀样品,凡能作平行样(把采集的样品混合均匀分出平行样或直接在现场采集平行样)的分析项目,每批样品均须作 10% 的平行双样分析,样品少于 10 个时,每批至少一份样品做平行双样分析。

测得平行双样的标准偏差应在方法规定标准偏差允许的范围内,最终结果以平行双样平均值报出;若测定结果超出规定允许偏差的范围,应在样品保存期内再加测一次,取标准偏差符合质控要求的 2 个测定值的平均值,否则该批次数据失控,应予以重测。

(1) 空白测定:空白包括全程序空白和实验室空白。全程序空白依据具体项目方法规定进行采集,测定要求从采样至样品测定的全过程都具有代表性,若结果高于方法检出限,则证明其中某一环节存在污染,必须查找原因降低空白。实验室空白也是依据具体项目方法规定进行检测的,结果以扣除空白值之后计算报出。

(2) 标准样品:对于有标准样品的项目,每批样品做一次标准样品质控,其判定依据为在规定的不确定度范围内或 95%~105% 为合格;对于没有标准样品的检测项目,

可在实验室采用标准物质配制实验室控制样品,并在分析过程中对结果进行质量控制,实验室控制样品测定结果在 90%～110% 为合格,痕量有机物在 60%～140% 为合格,或可建立质量控制图进行分析评价。

(3) 加标回收率测定:应在样品前处理分析之前加标,要求每批样品做一次加标,加标量以相当于待测组分浓度的 0.5～2.5 倍为宜,加标总浓度不应大于方法上限的 90%,加标物浓度水平应接近分析物浓度或在标准曲线中间浓度范围内。

(4) 重复检测:是指在样品保存期时间内,对已测样品再进行一次测定。一般每批样品做一次重复检测,当实验表明检测水平处于稳定和可控制状态下时,可适当地减少重复检测频率。

(5) 比对实验:实验室每年至少进行一次实验室内仪器比对、留样比对和人员比对,以实验室内精密度为判定依据。

(6) 无菌性检验:该方法适用于细菌学测定。每次实验时,要以无菌水为水样,检查培养基、滤膜、稀释水、冲洗用水、玻璃器皿和其他器具的无菌性。如检查结果表明有杂菌污染,则应弃去水样实验结果,重取水样检验。

(7) 精密度检验:该方法适用于细菌学测定。在同类同批的水样中,选出最先检验为阳性的 15 个水样由同一实验人员做平行双样分析,根据实验结果计算精密度判断值 $3.27R$。在实际样品平行双样分析中,当平行双样实验结果对数值的差值大于 $3.27R$(精密度判据)时,表示实验的精密度已失控,要查找原因加以纠正后,重新检测水样。

第二章 水质监测实验

实验一 水样悬浮物的测定（滤膜法）

一、实验目的

（1）理解测定水中悬浮物的原理和途径。
（2）掌握用滤膜法测定水中悬浮性固体含量的方法。

二、实验原理

水质中的悬浮物（悬浮性固体）是指水样通过孔径为 $0.45\mu m$ 的滤膜后，截留在滤膜上并于 103～105℃烘干至恒重的固体物质，一般指悬浮的泥沙、硅土、有机物和微生物等难溶于水的胶体或固体颗粒，可用滤膜法或石棉坩埚法测定。因悬浮性固体的测定受过滤器孔径的影响较大，所以报出测定结果时，应同时注明测定所采用的方法。本实验采用滤膜过滤、干燥测定地下水中悬浮性固体的方法。

三、实验仪器和材料

（1）蒸馏水或同等纯度的水。
（2）全玻璃微孔滤膜过滤器。
（3）CN-CA 滤膜：孔径为 $0.45\mu m$、直径为 60mm。
（4）吸滤瓶、称量瓶、真空泵、无齿扁嘴镊子。
（5）万分位电子天平（图 2-1）、烘箱（干燥箱，图 2-2）。
（6）其他实验室常用的玻璃器皿。

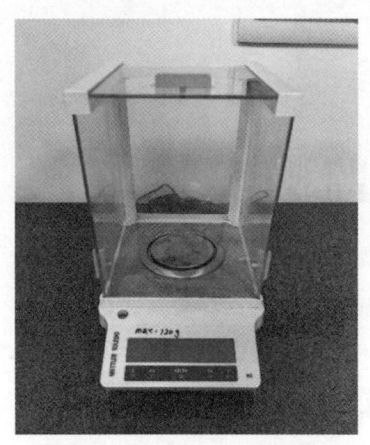
图 2-1　万分位电子天平

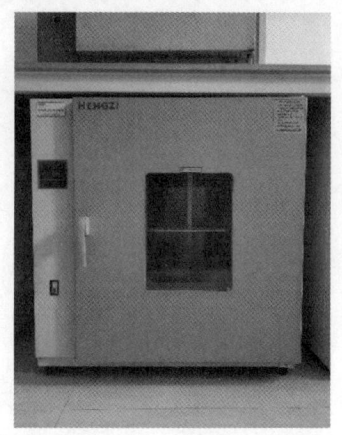
图 2-2　烘箱

四、实验步骤

(1) 所用聚乙烯瓶或硬质玻璃瓶要先用洗涤剂洗净,再依次用自来水和蒸馏水冲洗干净。在采样之前,用即将采集的水样再清洗 3 次,然后,采集具有代表性的水样 500～1000mL,盖严瓶塞。

注:漂浮或浸没的不均匀固体物质不属于悬浮物质,应从水样中除去。

(2) 滤膜准备。用无齿扁嘴镊子夹取微孔滤膜放于事先恒重的称量瓶里,将它们移入烘箱中于 103～105℃烘干半小时后取出置于干燥器内冷却至室温,称其质量。反复烘干、冷却、称量,直至相邻两次称量的质量差≤0.2mg。将恒重的微孔滤膜正确地放在滤膜过滤器的滤膜托盘上,加盖配套的漏斗,并用夹子固定好。用蒸馏水湿润滤膜,并不断吸滤。

(3) 测定。量取充分混合均匀的试样 100mL 抽吸过滤,使水分全部通过滤膜,再分别以 10mL 蒸馏水连续洗涤 3 次。停止吸滤后,仔细取出载有悬浮物的滤膜放在原恒重的称量瓶里,移入烘箱中于 103～105℃下烘干 1h 后再移至干燥器中,使之冷却到室温,称其质量。反复烘干、冷却、称量,直至相邻两次称量的质量差≤0.4mg。

五、数据记录与处理

悬浮物浓度 c(mg/L)按下式计算:

$$c=\frac{(A-B)\times 10^6}{V}$$

式中:c 表示水中悬浮物浓度(mg/L);A 表示悬浮物、滤膜和称量瓶质量(mg);B 表示滤膜和称量瓶质量(g);V 表示试样体积(mL)。

六、注意事项

滤膜上截留过多的悬浮物可能夹带过多的水分,除延长干燥时间外,还可能造成过滤困难,遇此情况,可酌情少取试样。滤膜上悬浮物过少,则会增大称量误差,影响测定精度,必要时,可增大试样体积。一般 5～100mg 悬浮物量为量取试样体积的最佳范围。

七、思考题

(1) 过滤水样过程中,滤膜孔径为何选用 0.45μm?

(2) 抽吸过滤水样后,为什么要用 10mL 蒸馏水连续洗涤 3 次?

实验二　水样浊度的测定(浊度仪法)

> **警告**:实验中使用的硫酸肼有毒性和致癌性,试剂配制过程应在通风橱内进行,操作时应按要求佩戴防护器具,避免接触皮肤和衣物。

一、实验目的

(1) 了解水样浊度的定义。

(2) 了解并掌握浊度仪的使用方法。

二、实验原理

浊度也称浑浊度,是由水中存在的对光有散射作用的物质,引起的液体透明度降低的一种量度。悬浮物及胶体颗粒会散射和吸收通过样品的光线,光线的散射现象产生浊度。利用样品中微粒物质对光的散射特性表征浊度,测量结果的单位为 NTU(散射浊度单位,nephelometric turbidity units)。

该实验的原理是利用一束稳定光源光线通过盛有待测样品的样品池,传感器在与发射光线垂直的位置上测量散射光强度。光束射入样品时产生的散射光的强度与样品的浊度在一定浓度范围内成比例关系。方法检出限为 0.3NTU。

三、实验仪器和材料

(1) 便携式浊度仪(图 2-3):入射光波长 λ 为 (860±30)nm (LED 光源)或 400～600nm(钨灯);入射的平行光散焦不超过 1.5°;检测器处在与入射光垂直的位置上。

(2) 一般实验室常用的玻璃器皿。

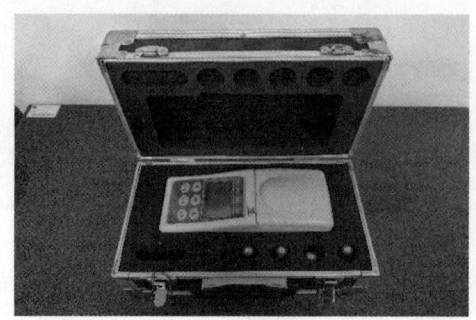

图 2-3 便携式浊度仪

（3）滤膜：孔径≤0.45μm，水相微孔滤膜。临用前应先用 100mL 实验用水浸泡 1h，以免滤膜碎屑影响空白试样测试的准确性。

四、实验试剂

本实验所用试剂除另有说明外，均使用符合国家标准或专业标准的分析试剂。本实验所用的水为去离子水。

（1）六次甲基四胺（$C_6H_{12}N_4$）：临用前取适量平布于表面皿上，移入硅胶干燥器中放置 48h 去除湿存水。

（2）硫酸肼（$N_2H_6SO_4$）：临用前取适量平布于表面皿上，移入硅胶干燥器中放置 48h 去除湿存水。

（3）浊度标准贮备液（4000NTU）：称取 5.00g 六次甲基四胺和 0.50g 硫酸肼，分别溶解于 40mL 蒸馏水中，并合并转移至 100mL 容量瓶中，用蒸馏水稀释定容至标线。在（25±3）℃下水平放置 24h，制备成浊度为 4000NTU 的浊度标准贮备液。在室温条件下避光可保存 6 个月。也可购买市售有证标准样品。

（4）浊度标准使用液（400NTU）：将浊度标准贮备液摇匀后，准确移取 10mL 至 100mL 容量瓶中，用蒸馏水稀释定容至标线，摇匀，制备成浊度为 400NTU 的浊度标准使用液。在低于 4℃冷藏条件下避光可保存 1 个月。

五、实验步骤

（1）仪器自检：按照仪器说明书打开仪器预热，仪器自检后进入测量状态。

（2）校准：将蒸馏水倒入样品池内，对仪器进行零点校准。按照仪器说明书将浊度标准使用液稀释为不同的浓度，设置不同的浓度点，分别润洗样品池数次后，缓慢倒至样品池刻度线。按仪器提示或仪器使用说明书的要求进行标准系列校准。

（3）样品测定：将样品摇匀，待可见的气泡消失后，用少量样品润洗样品池数次。将完全均匀的样品缓慢倒入样品池内，至样品池的刻度线即可。持握样品池位置尽量在刻度线以上,用柔软的无尘布擦去样品池外的水和指纹。将样品池放入仪器读数时,应将样品池上的标识对准仪器规定的位置。按下仪器测量键,待读数稳定后记录。浓度超过仪器量程范围的样品,可用蒸馏水稀释后测量。

(4) 空白测定:按照与样品测定相同的测量条件进行蒸馏水的浓度测定。

六、数据记录与处理

(1) 一般仪器都能直接读出测量结果,无须计算。经过稀释的样品,读数乘以稀释倍数,即为样品的浊度值。

(2) 当测量结果<10NTU 时,保留至小数点后一位;测定结果≥10NTU 时,保留至整数位。

七、注意事项

(1) 经冷藏保存的样品应放至室温后再测量,测量时应充分摇匀,并尽快将样品倒入样品池内。应沿着样品池缓慢倒入,避免产生气泡。

(2) 仪器样品池的洁净度及是否有划痕会影响浊度的测量,应定期进行检查和清洁。有细微划痕的样品池可通过涂抹硅油薄膜并用柔软的无尘布擦拭来去除划痕。

(3) 10NTU 以下的样品建议选择入射光为 400~600nm 的浊度仪,有颜色的样品应选择入射光为(860±30)nm 的浊度仪。

(4) 为了使测量结果更具可比性,应记录所用仪器的型号及入射光的波长。

(5) 实验中产生的废物应分类收集,统一保管,并做好相应标识,委托有资质的单位进行处理。

八、思考题

(1) 影响浊度仪测定准确性的原因有哪些?
(2) 水样保存时间较长对浊度的测定有什么影响?

实验三 水样 pH 值的测定

一、实验目的

(1) 了解 pH 值的含义。
(2) 掌握 pH 测量仪测定水样 pH 值的原理及方法。

二、实验原理

pH 值由测量电池的电动势而得。该电池通常由参比电极和氢离子指示电极组成。溶液每变化1个pH单位,在同一温度下电位差的改变为常数,据此在仪器上可直接读出pH值。本方法适用于地表水、地下水、生活污水和工业废水pH值的测定。测定范围为0~14。

三、实验仪器和材料

(1) pH测量仪:精度为0.01个pH单位,具有温度补偿功能,pH值测定范围为0~14(本实验采用pH/ORP/电导率/溶解氧测量仪,如图2-4所示)。

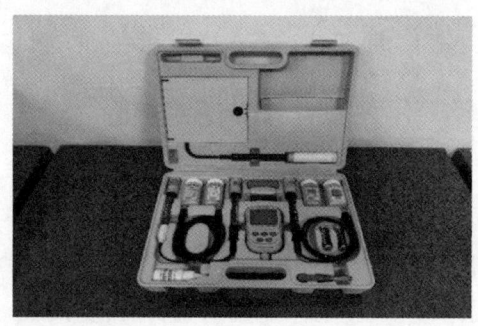

图2-4 pH/ORP/电导率/溶解氧测量仪

(2) 电极:分体式pH电极或复合pH电极。

(3) 温度计:测量范围0~100℃。

(4) 烧杯、容量瓶。

(5) pH广泛试纸。

(6) 实验室常用的其他仪器和设备。

四、实验试剂

本实验所用试剂除另有说明外,均应使用符合国家标准或专业标准的分析试剂。本实验所用的水为无二氧化碳蒸馏水。

(1) 新制备的去除二氧化碳的蒸馏水:将水注入烧杯中,煮沸10min,加盖放置冷却。临用现制。

(2) 邻苯二甲酸氢钾($C_8H_5KO_4$):于110~120℃下干燥2h,置于干燥器中保存待用。

(3) 无水磷酸氢二钠(Na_2HPO_4):于110~120℃下干燥2h,置于干燥器中保存待用。

(4) 磷酸二氢钾(KH_2PO_4):于110~120℃下干燥2h,置于干燥器中保存待用。

(5) 四硼酸钠($Na_2B_4O_7 \cdot 10H_2O$):与饱和溴化钠(或氯化钠加蔗糖)溶液(室温)共同放置于干燥器中48h,使四硼酸钠晶体保持稳定。

(6) 标准缓冲溶液。

① 标准缓冲溶液 Ⅰ $[c_{C_8H_5KO_4}=0.05\text{mol/L},\text{pH}=4.00(25℃)]$：称取 10.12g 邻苯二甲酸氢钾，溶于蒸馏水中，转移至 1L 容量瓶中并定容至标线。也可购买市售合格的标准缓冲溶液，按照说明书使用。

② 标准缓冲溶液 Ⅱ $[c_{Na_2HPO_4}=0.025\text{mol/L},c_{KH_2PO_4}=0.025\text{mol/L},\text{pH}=6.86(25℃)]$：分别称取 3.53g 无水磷酸氢二钠和 3.39g 磷酸二氢钾，溶于蒸馏水中，转移至 1L 容量瓶中并定容至标线。也可购买市售合格的标准缓冲溶液，按照说明书使用。

③ 标准缓冲溶液 Ⅲ $[c_{Na_2B_4O_7}=0.01\text{mol/L},\text{pH}=9.18(25℃)]$：称取 3.80g 四硼酸钠，溶于蒸馏水中，转移至 1L 容量瓶中并定容至标线，最后倒入聚乙烯瓶中密封保存。也可购买市售合格的标准缓冲溶液，按照说明书使用。

五、实验步骤

(1) 按照使用说明书对电极进行活化和维护，确认仪器可正常工作。现场测定时应了解现场环境条件以及样品的来源和性质，初步判断是否存在强酸、强碱、高电解质、低电解质、高氟化物等干扰，并进行相应的准备。

(2) 仪器校准。

① 校准溶液：使用 pH 广泛试纸粗测样品的 pH 值，根据样品的 pH 值大小选择两种合适的校准用标准缓冲溶液。两种标准缓冲溶液 pH 值相差约 3 个 pH 单位。样品 pH 值尽量在两种标准缓冲溶液的 pH 值范围内，若超出范围，样品 pH 值至少与其中一种标准缓冲溶液 pH 值之差不超过 2 个 pH 单位。

② 温度补偿：若使用手动温度补偿的仪器，将标准缓冲溶液的温度调至与样品的实际温度相一致，用温度计测量并记录温度。校准时，将仪器的温度补偿旋钮调至该温度上。对于带有自动温度补偿功能的仪器，无须将标准缓冲溶液与样品保持同一温度，按照仪器说明书进行操作。

③ 校准方法：采用两点校准法，按照仪器说明书选择校准模式，先用中性（或弱酸、弱碱）标准缓冲溶液校准，再用酸性或碱性标准缓冲溶液校准。

第一步：将电极浸入第一个标准缓冲溶液，缓慢水平搅拌，避免产生气泡，待读数稳定后，调节仪器示值与标准缓冲溶液的 pH 值一致。

第二步：用蒸馏水冲洗电极并用滤纸边缘吸去电极表面水分，将电极浸入第二个标准缓冲溶液中，缓慢水平搅拌，避免产生气泡，待读数稳定后，调节仪器示值与标准缓冲溶液的 pH 值一致。

第三步：重复第一步的操作，待读数稳定后，仪器的示值与标准缓冲溶液的 pH 值之差应≤0.05 个 pH 单位，否则重复第一步和第二步，直至合格。

(3) 样品测定。用蒸馏水冲洗电极并用滤纸边缘吸去电极表面水分，现场测定时根据使用的仪器取适量样品或直接测定;实验室测定时将样品沿杯壁倒入烧杯中,立即将电极浸入样品中,缓慢水平搅拌,避免产生气泡。待读数稳定后记下 pH 值。具有自动读数功能的仪器可直接读取数据。每个样品测定后用蒸馏水冲洗电极。

六、数据记录与处理

记录测定的水样 pH 值,测定结果保留至小数点后 1 位,并注明样品测定时的温度。当测量结果超出测量范围(0~14)时,以"强酸,超出测量范围"或"强碱,超出测量范围"报出。

七、注意事项

(1) 测定前不应提前打开采样瓶,且采集时将样品充满容器并立即密封,2h 内完成测定。

(2) 测定 pH 值>10 的强碱性样品时,应使用聚乙烯烧杯。

(3) 测定低电解质的样品时,应采用适用于低离子强度的 pH 电极;测定高电解质(盐度>5%)的样品时,应采用适用于高离子强度的 pH 电极。

(4) 测定含高浓度氟的酸性样品时,应采用耐氢氟酸的 pH 电极。

(5) 酸度计 1min 内读数变化<0.05 个 pH 单位即可视为读数稳定。

(6) 上述 pH 标准缓冲溶液于 4℃以下冷藏可保存 2~3 个月。发现有混浊、发霉或沉淀等现象时,则不能继续使用。

(7) 当被测样品 pH 值过高或过低时,可选用与其 pH 值相近的其他标准缓冲溶液。

八、思考题

为什么测定前不应提前打开采样瓶,且须在 2h 内完成测定?

实验四 水样溶解氧的测定

一、实验目的

(1) 了解水样溶解氧的定义。
(2) 掌握溶解氧的测定方法。

二、实验原理

水中的溶解氧是指溶解在水中的空气中的分子态氧。水样溶解氧的含量与空气中氧的分压、水的温度都有密切关系,溶解氧的多少是衡量水体自净能力的一个指标。

1. 覆膜电极法

覆膜电极法根据氧分子透过选择性薄膜的扩散速率来测定水样溶解氧的含量。覆膜电极法溶解氧测量仪探头内有一个用选择性薄膜封闭的小室,室内有 2 个金属电极并充有电解质。氧和一定数量的其他气体及亲液物质可透过这层薄膜,但水和可溶性物质的离子几乎不能透过这层薄膜。

覆膜电极法可分为电流式和极谱式两种。电流式的原理:将探头浸入水中时,电池作用在 2 个电极间产生电位差,使金属离子在阳极进入溶液,同时氧气通过薄膜扩散至阴极获得电子被还原,产生的电流与穿过薄膜和电解质层的溶解氧的传递速度成正比,即在一定的温度下该电流与溶解氧的分压(或浓度)成正比。极谱式的原理:将探头浸入水中时,外加电压使 2 个电极间产生电位差,使得阳极被氧化,同时氧气通过薄膜扩散,在阴极获得电子被还原,产生的电流与穿过薄膜和电解质层的氧的传递速度成正比,即在一定的温度下该电流与溶解氧的分压(或浓度)成正比。

2. 荧光法

荧光法根据氧分子对荧光物质的猝灭效应来测定水样溶解氧的含量。荧光法溶解氧测量仪探头前端是复合了荧光物质的箔片,表面涂了一层黑色的隔光材料以避免日光和水中其他荧光物质的干扰,探头内部装有激发光源及感光部件。蓝光照射到荧光物质上激发荧光物质发出红光,由于氧分子可以带走能量从而降低荧光强度(猝灭效应),在一定温度下,激发红光的时间和强度与氧分子的浓度成反比。通过测量激发红光与参比光的相位差,并与内部标定值对比,计算氧分子的浓度。

仪器测量范围为 0～20mg/L,最小分度值≤0.1mg/L。

三、实验仪器和材料

(1) 恒温水浴(槽):控温准确度为±0.2℃。
(2) 鼓泡器:多孔。
(3) 标准温度计:最小分度值为 0.1℃。
(4) 溶解氧测量仪(本实验采用 pH/ORP/电导率/溶解氧测量仪)。
(5) 一般实验室常用的玻璃器皿。

四、实验试剂

本实验所用试剂除另有说明外,均应使用符合国家标准或专业标准的分析试剂。本实验所用的水为去离子水。

(1) 亚硫酸钠(Na_2SO_3):分析纯。

(2) 二价钴盐：六水合氯化钴（$CoCl_2 \cdot 6H_2O$）或其他二价钴盐。

(3) 二价钴盐溶液：称取 0.1g 二价钴盐，用 1% 盐酸溶解，溶解后移至 100mL 容量瓶中，加 1% 盐酸定容至标线，混匀待用。

(4) 无氧水：在室温条件下将约 25g 的亚硫酸钠溶于蒸馏水，加蒸馏水至 500mL，加入少量（1~2 滴）二价钴盐溶液。临用现配。

(5) 饱和溶氧水：在指定温度条件下，以 1L/min 的流量将空气通入蒸馏水曝气 2h 以上，使其中的溶解氧达到饱和，并静置一段时间使溶解氧达到稳定。通常，200mL 水需要静置 5~10min，500mL 水需要静置 10~20min，必要时根据《水质 溶解氧的测定 碘量法》（GB 7489—1987）判断其是否饱和。

(6) 水饱和的空气：在干净的 250mL 细口瓶中加入约 10mL 蒸馏水，盖上瓶盖，快速摇晃 30s，之后在室温下平衡 30min 使溶解氧达到稳定。

五、实验步骤

溶解氧测量仪的性能指标应满足表 2-1 的技术要求。

表 2-1 溶解氧测量仪的性能指标

项目	性能
零值误差	±0.1mg/L
响应时间	≤60s
示值误差	±0.5mg/L
重复性	≤0.2mg/L
测温误差	±0.5℃
实际水样比对误差	≤0.6mg/L

(1) 校准。

① 零点校准：视仪器型号而定，如需零点校准，使探头浸入无氧水中，将指示值调至零点。

② 饱和溶解氧校准：将探头浸入饱和溶氧水并轻轻摆动（荧光法仪器无须摆动），或将探头放入水饱和的空气中，待显示值稳定后，测定饱和溶氧水或水饱和的空气的温度（精确至 ±0.1℃）。

测量时，若实际大气压偏离标准大气压，应按下式进行修正：

$$\rho(O) = \rho'(O)_s \times \frac{P - P_w}{101.325 - P_w}$$

式中：$\rho(O)$ 表示实际温度、实际大气压下，水中溶解氧的理论质量浓度（mg/L）；$\rho'(O)_s$

表示实际温度、标准大气压下,水中溶解氧的理论质量浓度(mg/L);101.325 表示标准大气压(kPa);P 表示实际大气压(kPa);P_w 表示实际温度下,饱和水蒸气的压力(kPa)。

(2) 校准后进行水样溶解氧的测定。

六、数据记录与处理

(1) 零值误差:将经校准的溶解氧测量仪的探头置于无氧水中,计时 5min,记录溶解氧测量仪的示值,即为零值误差。

(2) 响应时间:将探头从无氧水移入(20±1)℃的饱和溶氧水或水饱和的空气中,测定显示值达到饱和溶氧水浓度的 90% 时所需要的时间。

(3) 示值误差:将恒温水浴的温度分别调节至 10℃、20℃、30℃,在每一个温度点使水成为饱和溶氧水。将探头由空气中放入恒温水浴并轻轻摆动(荧光法仪器无须摆动),稳定后读取示值,重复测量 2 次,计算平均值 $\overline{\rho}(O)_x$。计算平均值 $\overline{\rho}(O)_x$ 与标准测量值 $\rho'(O)_B$(初次检定时)或理论值 $\rho'(O)_s$(后续检定时)之差,即为测量误差 $\Delta\rho(O)$。取误差最大的 $\Delta\rho(O)$ 为仪器的溶解氧示值误差。

$$\Delta\rho(O) = \overline{\rho}(O)_x - \rho'(O)_B \quad 或 \quad \Delta\rho(O) = \overline{\rho}(O)_x - \rho'(O)_s$$

式中:$\Delta\rho(O)$ 表示测量平均值 $\overline{\rho}(O)_x$ 与理论值 $\rho'(O)_s$ 或标准测量值 $\rho'(O)_B$ 的测量误差(mg/L);$\overline{\rho}(O)_x$ 表示 2 次仪器测量值的平均值(mg/L);$\rho'(O)_B$ 表示按照 GB 7489—1987 测定饱和溶氧水中溶解氧的质量浓度 3 次的平均值(mg/L);$\rho'(O)_s$ 表示实际温度、实际大气压下,水中溶解氧的理论质量浓度(mg/L)。

(4) 重复性:将探头浸入饱和溶氧水,在轻轻摆动(荧光法仪器无须摆动)的同时,每隔 5min 测定一次,连续测量 6 次。记录各次的测量值,按下式计算测量结果的标准偏差:

$$S = \sqrt{\frac{\sum_{i=1}^{6}[\rho(O)_i - \overline{\rho}(O)]^2}{5}}$$

式中:S 表示测量结果的标准偏差(mg/L);$\rho(O)_i$ 表示第 i 次的测量值(mg/L);$\overline{\rho}(O)$ 表示 6 次测量值的算术平均值(mg/L)。

(5) 测温误差:水温分别调节至 10℃、20℃、30℃,将校准后的溶解氧测量仪的探头和标准温度计同时置于恒温水浴(槽)中,使探头与标准温度计处于同一水浴相近位置再进行测量。每个温度点重复测量 3 次,计算得到仪器测量值平均值 $\overline{t}_i$,按下式计算测量结果的测温误差:

$$\Delta t = \overline{t}_i - t_s$$

式中:Δt 表示测温误差(℃);$\overline{t}_i$ 表示仪器温度测量值平均值(℃);t_s 表示标准温度计测量值的平均值(℃)。

(6) 实际水样比对误差：选择 3 种或 3 种以上实际水样，其浓度分别覆盖低浓度（0～2mg/L）、中浓度（2～5mg/L）和高浓度（>6mg/L），再分别用溶解氧测量仪按照 GB 7489—1989 或《水质 溶解氧的测定 电化学探头法》(HJ 506—2009)中所提及的方法进行比对实验。每种水样，用仪器测量的次数应不少于 6 次，用 GB 7489—1989 或 HJ 506—2009 中所提及的方法测量次数应不少于 3 次。在不同质量浓度区间分别计算每种实际水样误差绝对值的平均值 $\Delta\bar{\rho}(O)_A$，作为仪器实际水样比对检测误差的判定值，计算式为

$$\Delta\bar{\rho}(O)_A = \frac{\sum_{i=1}^{n}|\rho(O)_i - \bar{\rho}(O)_B|}{n}$$

式中：$\Delta\bar{\rho}(O)_A$ 表示仪器测量相对误差绝对值的平均值(mg/L)；$\rho(O)_i$ 表示仪器第 i 次的测量值(mg/L)；$\bar{\rho}(O)_B$ 表示根据 GB 7489—1989 或 HJ 506—2009 测得的溶解氧的平均值(mg/L)；n 表示测量次数。

七、注意事项

(1) 覆膜电极法的注意事项。

① 若膜片和探头上有污染物，会引起测量误差，须定期进行清洗。清洗时应将探头放入清水中涮洗，注意不要损坏膜片。

② 经常使用的探头建议存放在有蒸馏水或吸水物（吸满蒸馏水）的储存帽中（但探头不应浸入水中），以保持膜片的湿润。干燥的膜片在使用前应该用蒸馏水湿润活化。任何时候都不得用手触摸膜片的活性表面。

③ 膜片被损坏、污染或到达更换周期时，需要更换膜片并填充新的电解液。更换膜片和电解液之后，须对仪器进行校准。

④ 由于采用覆膜电极法测量时会消耗溶解氧，因而当样品接触探头时，应保持一定的流速，以防止接触瞬间测量部位的溶解氧耗尽而出现错误的读数。同时，应避免样品的流速过快导致引入空气而使读数发生波动，具体要求参照仪器制造厂家的说明。

⑤ 极谱式溶解氧测量仪的探头在第一次使用、长时间未开机或更换电极时，应进行极化，具体要求参照仪器制造厂家的说明。

(2) 荧光法的注意事项。

① 若探头上有污染物，会引起测量误差，须定期进行清洗。清洗时应将探头放入清水中涮洗，注意不要损坏探头表面涂层。

② 探头应在干燥条件下保存，储存帽中放置干燥剂，并及时更换。禁止使用有机溶剂擦拭或浸泡探头。

(3) 其他注意事项。

① 探头浸入样品中时,应保证没有空气泡截留在膜片或保护罩上。

② 零点校准后,若探头无氧水没有清除干净,而变得反应迟缓或读数不准确,应将探头放入清水中涮洗,确保示值恢复正常。

(4) 在平衡的条件下,被空气饱和的水中,氧的分压等于被水饱和的空气中氧的分压。因此,探头在水中校准和在空气中校准是一样的。溶解氧的浓度随大气压的变化而不同,宜进行气压补偿。

(5) 覆膜电极法溶解氧测量仪显示值一般随试样流速的变化而变化,应按照生产商规定的方法使探头表面的液体流速(通常不低于0.3m/s)保持恒定。

八、思考题

测定溶解氧还有哪些其他方式?与仪器测定有什么区别?

实验五 水中碱度的测定(酸碱滴定法)

一、实验目的

(1) 了解碱度的基本概念。
(2) 掌握用酸碱滴定法测定碱度的原理和方法。

二、实验原理

水的碱度是指水中所含的能与强酸定量作用的物质的总量。水中碱度的来源是多种多样的。地表水的碱度,基本上是碳酸盐、重碳酸盐及氢氧化物含量的函数,所以总碱度被当作这些成分浓度的总和。当水中含有硼酸盐、磷酸盐或硅酸盐等时,总碱度的测定值也包含它们所起的作用。废水及其他复杂体系的水体,还含有有机碱类、金属水解性盐类等,它们均为碱度的组成部分。在这些情况下,碱度就成为一种水的综合性特征指标,代表能被强酸滴定的物质的总和。

碱度指标常用于评价水体的缓冲能力及金属在其中的溶解性和毒性,是对水和废水处理过程控制的判断性指标。

水样用标准酸溶液滴定至规定的pH值,终点可由加入的酸碱指示剂在该pH值时颜色的变化来判断。当滴定至酚酞指示剂由红色变为无色时,溶液的pH值为8.3,指示水中的氢氧根离子已被中和,碳酸盐均被转化为重碳酸盐,反应式如下:

$$OH^- + H^+ \longrightarrow H_2O$$

$$CO_3^{2-} + H^+ \longrightarrow HCO_3^-$$

当滴定至甲基橙指示剂由橘黄色变成橘红色时,溶液的pH值为4.4~4.5,指示水中的重碳酸盐已被中和,反应式如下:

$$HCO_3^- + H^+ \longrightarrow H_2O + CO_2$$

根据到达上述2个终点时所消耗的盐酸标准滴定溶液的量,可以计算出水中碳酸盐、重碳酸盐的含量及总碱度。

三、实验仪器和材料

(1) 万分位电子天平、烘箱。

(2) 酸式滴定管(25mL)、锥形瓶(250mL)、玻璃棒。

(3) 实验室常用的其他玻璃器皿。

四、实验试剂

本实验所用试剂除另有说明外,均应使用符合国家标准或专业标准的分析试剂。本实验所用的水为无二氧化碳水。

(1) 碳酸钠(Na_2CO_3):优级纯。

(2) 浓盐酸:$\rho = 1.19 \text{g/mL}$。

(3) 无水乙醇:$\rho = 0.79 \text{g/mL}$。

(4) 无二氧化碳水:用于制备标准溶液及稀释用的蒸馏水或去离子水,临用前煮沸15min,冷却至室温。pH值应大于6,电导率小于$2\mu S/cm$。

(5) 酚酞指示剂:称取1g酚酞溶于100mL 95%乙醇中,用0.1mol/L氢氧化钠溶液滴至出现淡红色为止。

(6) 甲基橙指示剂:称取0.1g甲基橙溶于100mL蒸馏水中。

(7) 碳酸钠标准溶液($c_{1/2Na_2CO_3} = 0.025 \text{mol/L}$):称取1.324 9g(于250℃烘干4h)的无水碳酸钠,溶于少量无二氧化碳水中,移入1000mL容量瓶中,用水稀释至标线,摇匀。贮于聚乙烯瓶中,保存时间不超过一周。

(8) 盐酸标准溶液($c_{HCl} = 0.025 \text{mol/L}$):吸取2.1mL浓盐酸,并用蒸馏水稀释至1000mL,此溶液浓度约为0.025mol/L。其准确浓度标定方法为:吸取25mL碳酸钠标准溶液于250mL锥形瓶中,加无二氧化碳水稀释至约100mL,加入3滴甲基橙指示液,用盐酸标准溶液滴定至橘黄色刚变为橘红色,记录盐酸标准溶液用量。准确浓度计算式为

$$c = \frac{25 \times 0.025}{V}$$

式中：c 表示盐酸标准溶液浓度（mol/L）；V 表示盐酸标准溶液用量（mL）。

五、实验步骤

（1）分取 100mL 水样于 250mL 锥形瓶中，加入 4 滴酚酞指示剂，摇匀。当溶液呈红色时，用盐酸标准溶液滴定到刚刚褪至无色，记录盐酸标准溶液的用量。若加酚酞指示剂后溶液为无色，则不需要用盐酸标准溶液滴定，并接着进行下一项操作。

（2）向上述锥形瓶中加入 3 滴甲基橙指示剂，摇匀。继续用盐酸标准溶液滴定至溶液由橘黄色刚刚变为橘红色为止。记录盐酸标准溶液用量。

六、数据记录与处理

对于多数天然水样，碱性化合物在水中所产生的碱度有 5 种情形。为说明方便，令以酚酞作指示剂时，滴定至颜色变化所消耗盐酸标准溶液的量为 P（mL），以甲基橙作指示剂时盐酸标准溶液用量为 M（mL），则盐酸标准溶液总消耗量为 $T=M+P$。

5 种情形的碱度见表 2-2。

表 2-2 碱度的组成

滴定的结果	氢氧化物碱度	碳酸盐碱度	重碳酸盐碱度
$P=T$	P	0	0
$P>1/2T$	$2P-T$	$2P-T$	0
$P=1/2T$	0	$2P$	0
$P<1/2T$	0	$2P$	$T-2P$
$P=0$	0	0	T

按下述公式计算各种情况下总碱度，碳酸盐、重碳酸盐的含量。

（1）当 $P=T$ 时

$$A=A_1=\frac{c \times P \times 50.05}{V} \times 1000$$

式中：A 表示水样的总碱度（mg/L），以 $CaCO_3$ 计；A_1 表示氢氧化物碱度（mg/L），以 $CaCO_3$ 计；c 表示盐酸标准溶液浓度（mol/L）；V 表示水样体积（mL）；50.05 表示碳酸钙 $\left(\frac{1}{2}CaCO_3\right)$ 的摩尔质量（g/mol）；1000 表示单位换算系数。

（2）当 $P>\frac{1}{2}T$ 时

$$A=\frac{c \times (P+M) \times 50.05}{V} \times 1000$$

$$A_1 = \frac{c \times (P-M) \times 50.05}{V} \times 1000$$

$$A_2 = \frac{2c \times M \times 50.05}{V} \times 1000$$

$$\rho_1\left(\frac{1}{2}CO_3^{2-}\right) = \frac{2c \times M \times 30.00}{V} \times 1000$$

式中：A_2 表示碳酸盐碱度（mg/L），以 $CaCO_3$ 计；ρ_1 表示碳酸盐的质量浓度（mg/L）；30.00 表示碳酸根离子 $\left(\frac{1}{2}CO_3^{2-}\right)$ 的摩尔质量（g/mol）。

(3) 当 $P = \frac{1}{2}T$ 时

$$A = A_2 = \frac{2c \times P \times 50.05}{V} \times 1000$$

$$\rho_1\left(\frac{1}{2}CO_3^{2-}\right) = \frac{2c \times P \times 30.00}{V} \times 1000$$

(4) 当 $P < \frac{1}{2}T$ 时

$$A = \frac{c \times (P+M) \times 50.05}{V} \times 1000$$

$$A_2 = \frac{2c \times P \times 50.05}{V} \times 1000$$

$$\rho_1\left(\frac{1}{2}CO_3^{2-}\right) = \frac{2c \times P \times 30.00}{V} \times 1000$$

$$A_3 = \frac{c \times (M-P) \times 50.05}{V} \times 1000$$

$$\rho_2(HCO_3^-) = \frac{c \times (M-P) \times 61.02}{V} \times 1000$$

式中：A_3 表示重碳酸盐碱度（mg/L），以 $CaCO_3$ 计；ρ_2 表示重碳酸盐的质量浓度（mg/L）；61.02 表示重碳酸根离子（HCO_3^-）的摩尔质量（g/mol）。

(5) 当 $P = 0$ 时

$$A = A_3 = \frac{c \times M \times 50.05}{V} \times 1000$$

$$\rho_2(HCO_3^-) = \frac{c \times M \times 61.02}{V} \times 1000$$

结果保留三位有效数字，小数不过两位。

七、注意事项

(1) 若水样中含有游离二氧化碳,则不存在碳酸盐,可直接以甲基橙做指示剂进行滴定。

(2) 当水样中总碱度小于 20mg/L 时,可改用 0.01mol/L 盐酸标准溶液滴定,或改用 10mL 容量的微量滴定管,以提高测定精度。

(3) 样品采集后应于 4℃保存。分析前不应打开瓶塞,不能过滤、稀释或浓缩。样品应于采集当天进行分析,特别是当样品中含有可水解盐类或含有可氧化态阳离子时,应及时分析。

八、思考题

使用酚酞指示剂和甲基橙指示剂所测定的碱度有何不同?

实验六 水中六价铬的测定(二苯碳酰二肼分光光度法)

一、实验目的

(1) 掌握二苯碳酰二肼分光光度法测定污水中铬离子的方法。
(2) 掌握铬离子废水采样及保存方法。

二、实验原理

在酸性溶液中,六价铬与二苯碳酰二肼反应生成紫红色化合物,可于波长 540nm 处进行分光光度测定。

当取样体积为 50mL,使用光程为 30mm 的比色皿时,本方法的最小检出量为 0.2μg 六价铬,最低检出浓度为 0.004mg/L,使用光程为 10mm 的比色皿时,测定上限浓度为 1.0mg/L。

三、实验仪器与材料

(1) 紫外可见分光光度计(图 2-5)。
(2) 万分位电子天平。
(3) 烧杯、量筒、移液枪、容量瓶、具塞比色管(50mL)。
(4) 其他实验室常用的玻璃器皿。

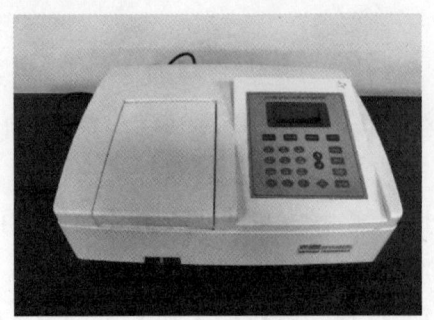

图 2-5 紫外可见分光光度计

四、实验试剂

本实验所用试剂除另有说明外，均应使用符合国家标准或专业标准的分析试剂。本实验所用的水为去离子水。

(1) 丙酮。

(2) (1+1)硫酸溶液：将浓硫酸($\rho=1.84$g/mL，优级纯)缓缓加入同体积的水中，混匀。

(3) (1+1)磷酸溶液：将磷酸($\rho=1.69$g/mL，优级纯)与水等体积混合。

(4) 氢氧化钠溶液($c_{NaOH}=4$g/L)：将1g氢氧化钠(NaOH)溶于水并稀释至250mL。

(5) 氢氧化锌共沉淀剂。

① 8%硫酸锌溶液：称取8g硫酸锌($ZnSO_4 \cdot 7H_2O$)，溶于1000mL水中。

② 2%氢氧化钠溶液：称取2.4g氢氧化钠，溶于120mL水中。

用时将①和②两溶液混合。

(6) 高锰酸钾溶液($c_{KMnO_4}=40$g/L)：称取4g高锰酸钾($KMnO_4$)，在加热和搅拌下溶于水，最后稀释至100mL。

(7) 铬标准贮备液：称取于110℃干燥2h的重铬酸钾($K_2Cr_2O_7$，优级纯)(0.2829 ± 0.0001)g，用水溶解后，移入1000mL容量瓶中，用水稀释至标线，摇匀。此溶液1mL含0.10mg六价铬。

(8) 铬标准溶液：吸取5mL铬标准贮备液置于500mL容量瓶中，用水稀释至标线，摇匀。此溶液1mL含1.00μg六价铬。使用当天配制此溶液。

(9) 铬标准溶液：吸取25mL铬标准贮备液置于500mL容量瓶中，用水稀释至标线，摇匀。此溶液1mL含5.00μg六价铬。使用当天配制此溶液。

(10) 尿素溶液($c_{(NH_2)_2CO}=200$g/L)：将20g尿素溶于水并稀释至100mL。

(11) 亚硝酸钠溶液($c_{NaNO_2}=20$g/L)：将2g亚硝酸钠溶于水并稀释至100mL。

(12) 显色剂Ⅰ：称取二苯碳酰二肼($C_{13}H_{14}N_4O$)0.2g，溶于50mL丙酮中，加水稀释至 100mL,摇匀,贮于棕色瓶,并置于冰箱中。溶液颜色变深则不能使用。

（13）显色剂Ⅱ：称取二苯碳酰二肼 2g,溶于 50mL 丙酮中,加水稀释至 100mL 摇匀,贮于棕色瓶,并置于冰箱中。溶液颜色变深则不能使用。

五、实验步骤

1. 样品的预处理

（1）样品中应不含悬浮物。低色度的清洁地面水可直接测定。

（2）色度校正：如样品有色但不太深时,另取一份试样,以 2mL 丙酮代替显色剂。试样测得的吸光度扣除此色度的校正吸光度后再行计算。

（3）锌盐沉淀分离法：对混浊、色度较深的样品可用此法前处理。取适量样品（含六价铬少于 100μg）于 150mL 烧杯中,加水至 50mL。滴加 4g/L 氢氧化钠溶液,调节溶液 pH 值为 7～8。在不断搅拌下,滴加氢氧化锌共沉淀剂至溶液 pH 值为 8～9。将此溶液转移至 100mL 容量瓶中,用水稀释至标线。用慢速滤纸干过滤,弃去 10～20mL 初滤液,取其中 50mL 滤液供测定。

（4）二价铁、亚硫酸盐、硫代硫酸盐等还原性物质的消除：取适量样品（含六价铬少于 50μg）于 50mL 比色管中,用水稀释至标线,加入 4mL 显色剂Ⅱ,混匀,放置 5min 后,加入 1mL(1+1)硫酸溶液,摇匀。5～10min 后,在 540nm 波长处,用 10mm 或 30mm 光程的比色皿,以水做参比测定吸光度。扣除空白试验测得的吸光度后,从标准曲线查得六价铬含量。

（5）次氯酸盐等氧化性物质的消除：取适量样品（含六价铬少于 50μg）于 50mL 比色管中,用水稀释至标线,加入 0.5mL(1+1)硫酸溶液、0.5mL(1+1)磷酸溶液、1mL 尿素溶液,摇匀,再逐滴加入 1mL 亚硝酸钠溶液,边加边摇,以除去由过量的亚硝酸钠与尿素反应生成的气泡。

2. 空白试验

用 50mL 水代替试样,按与试样测试完全相同的步骤进行空白试验。

3. 样品测定

取适量（含六价铬少于 50μg）无色透明试样,置于 50mL 比色管中,用水稀释至标线。加入 0.5mL(1+1)硫酸溶液和 0.5mL(1+1)磷酸溶液,摇匀。再加入 2mL 显色剂Ⅰ,摇匀。5～10min 后,在 540nm 波长处,用 10mm 或 30mm 的比色皿,以水做参比,测定吸光度,扣除空白试验测得的吸光度后,从标准曲线上查得六价铬含量。

4. 标准曲线的绘制

向一系列 50mL 比色管中分别加入 0mL、0.2mL、0.5mL、1mL、2mL、4mL、6mL、8mL 和 10mL 铬标准溶液(如经锌盐沉淀分离法前处理,则应加倍吸取),用水稀释至标线,然后按照测定试样的步骤进行处理。

将测得的吸光度减去空白试验的吸光度后,以比色管中六价铬的含量(μg)为横坐标,吸光度为纵坐标,绘制标准曲线。

六、数据记录与处理

六价铬浓度 c(mg/L)计算式为

$$c = m/V$$

式中:m 表示由标准曲线查到的试样六价铬的含量(μg);V 表示试样的体积(mL)。

六价铬浓度低于 0.1mg/L 时,结果以三位小数表示;六价铬浓度高于 0.1mg/L 时,结果以三位有效数字表示。

七、注意事项

(1) 实验室样品应该用玻璃瓶采集。采集时加入氢氧化钠溶液,调节样品 pH 值至约为 8。并在采集后尽快测定,如放置不要超过 24h。

(2) 当样品经锌盐沉淀分离法前处理后仍含有机物干扰测定时,可用酸性高锰酸钾氧化法破坏有机物后再测定。此法可直接加入显色剂测定。

(3) 所有玻璃器皿内壁须光洁,以免吸附离子。不得用重铬酸钾洗液洗涤。可用硝酸、硫酸混合液或合成洗涤剂洗涤,洗涤后要冲洗干净。

八、思考题

(1) 如何用此方法测定水中总铬和三价铬的浓度?

(2) 采集样品时,为什么要调节样品 pH 值至约为 8,pH 值对样品保存有何影响?

实验七 水中氨氮的测定(水杨酸分光光度法)

一、实验目的

(1) 掌握水中氨氮的测定原理、预处理方法和测定方法。

(2) 熟悉紫外可见分光光度计的使用方法,并绘制标准曲线。

二、实验原理

在碱性介质(pH=11.7)和亚硝基铁氰化钠存在的情况下,水中的氨、铵离子与水杨酸盐和次氯酸离子反应生成蓝色化合物,在697nm处用紫外可见分光光度计测量吸光度。

当取样体积为8mL,使用10mm比色皿时,检出限为0.01mg/L,测定下限为0.04mg/L,测定上限为1mg/L(均以N计)。使用30mm比色皿时,检出限为0.004mg/L,测定下限为0.016mg/L,测定上限为0.25mg/L(均以N计)。

三、实验仪器和材料

(1) 紫外可见分光光度计。
(2) 滴瓶:其滴管滴出液体积,20滴相当于1mL。
(3) 氨氮蒸馏装置:由500mL凯式烧瓶、氮球、直形冷凝管和导管组成,冷凝管末端可连接一段适当长度的滴管,使出口尖端浸入吸收液液面下。亦可使用蒸馏烧瓶。
(4) 实验室常用的玻璃器皿:所有玻璃器皿均应用清洗溶液仔细清洗,然后用水冲洗干净。

四、实验试剂

本实验所用试剂除另有说明外,均应使用符合国家标准或专业标准的分析试剂。本实验所用的水为无氨水。

(1) 无水乙醇:$\rho=0.79g/mL$。
(2) 浓硫酸:$\rho=1.84g/mL$。
(3) 轻质氧化镁(MgO):不含碳酸盐,在500℃下加热氧化镁,以除去碳酸盐。
(4) 硫酸吸收液($c_{H_2SO_4}=0.01mol/L$):量取7mL浓硫酸加入水中,稀释至250mL。临用前取10mL,稀释至500mL。
(5) 氢氧化钠溶液($c_{NaOH}=2mol/L$):称取8g氢氧化钠溶于水中,稀释至100mL。
(6) 显色剂(水杨酸-酒石酸钾钠溶液):称取50g水杨酸[$C_6H_4(OH)COOH$],加入约100mL水,再加入160mL氢氧化钠溶液,搅拌使之完全溶解;然后称取50g酒石酸钾钠($KNaC_4H_6O_6 \cdot 4H_2O$),溶于水中,与上述溶液合并移入1000mL容量瓶中,加水稀释至标线。贮存于加橡胶塞的棕色玻璃瓶中,此溶液可稳定1个月。
(7) 次氯酸钠使用液($c_{有效氯}=3.5g/L$,$c_{游离碱}=0.75mol/L$):取次氯酸钠,用水和氢氧化钠溶液稀释成含有效氯浓度为3.5g/L、游离碱浓度为0.75mol/L(以NaOH计)的次氯酸钠使用液,存放于棕色滴瓶内。本试剂可稳定1个月。

（8）亚硝基铁氰化钠溶液（10g/L）。称取 0.1g 亚硝基铁氰化钠{$Na_2[Fe(CN)_5NO]\cdot 2H_2O$}置于 10mL 具塞比色管中，加水至标线。本试剂可稳定 1 个月。

（9）清洗溶液：将 100g 氢氧化钾溶于 100mL 水中，待溶液冷却后加 900mL 无水乙醇，贮存于聚乙烯瓶内。

（10）溴百里酚蓝指示剂（c=0.5g/L）：称取 0.05g 溴百里酚蓝溶于 50mL 水中，加入 10mL 无水乙醇，用水稀释至 100mL。

（11）氨氮标准贮备液（c_N=1000μg/mL）：称取 3.819 0g 氯化铵（NH_4Cl，优级纯，在 100～105℃干燥 2h），溶于水中，移入 1000mL 容量瓶中，稀释至标线。此溶液可稳定 1 个月。

（12）氨氮标准中间液（c_N=100μg/mL）：吸取 10mL 氨氮标准贮备液于 100mL 容量瓶中，稀释至标线。此溶液可稳定 1 周。

（13）氨氮标准使用液（c_N=1μg/mL）：吸取 10mL 氨氮标准中间液于 1000mL 容量瓶中，稀释至标线。临用现配。

五、实验步骤

1. 样品的预处理

将 50mL 硫酸吸收液移入接收瓶内，确保冷凝管出口在硫酸溶液液面之下。分取 250mL 水样（如氨氮含量高，可适当少取，加水至 250mL）移入烧瓶中，加几滴溴百里酚蓝指示剂，必要时用氢氧化钠溶液或硫酸溶液调整 pH 值至 6.0（指示剂呈黄色）～7.4（指示剂呈蓝色），加入 0.25g 轻质氧化镁及数粒玻璃珠，立即连接氮球和冷凝管。加热蒸馏，使馏出液速率约为 10mL/min，待馏出液达 200mL 时，停止蒸馏，加水定容至 250mL。

2. 标准曲线的绘制

用 10mm 比色皿测定时，在比色管中，分别加入 0mL、1mL、2mL、4mL、6mL、8mL 氨氮标准溶液，其所对应的氨氮含量分别为 0μg、1μg、2μg、4μg、6μg、8μg。

用 30mm 比色皿测定时，在比色管中，分别加入 0mL、0.4mL、0.8mL、1.2mL、1.6mL、2mL 氨氮标准溶液，其所对应的氨氮含量分别为 0μg、0.4μg、0.8μg、1.2μg、1.6μg、2μg。

根据上述步骤，取 6 支 10mL 比色管，分别按以上体积加入氨氮标准溶液，用水稀释至 8mL，然后测量其吸光度。以扣除空白试样的吸光度为纵坐标，以其对应的氨氮含量（μg）为横坐标绘制标准曲线。

3. 样品测定

取水样或经过预蒸馏的试样 8mL（当水样中氨氮质量浓度高于 1mg/L 时，可适当稀释后取样）于 10mL 比色管中。加入 1mL 显色剂和 2 滴亚硝基铁氰化钠溶液，混匀。再滴入 2 滴次氯酸钠使用液并混匀，加水稀释至标线，充分混匀。

显色 60min 后，在 697nm 波长处，用 10mm 或 30mm 比色皿，以水为参比测量吸光度。

4. 空白试验

用无氨水代替水样，按与样品相同的步骤进行前处理和测定。

六、数据记录与处理

水中氨氮的质量浓度计算式为

$$c_N = \frac{A_s - A_b - a}{b \times V} \times D$$

式中：c_N 表示水样中氨氮的质量浓度（以 N 计，mg/L）；A_s 表示水样的吸光度；A_b 表示空白试样的吸光度；a 表示标准曲线的截距；b 表示标准曲线的斜率；V 表示所取水样的体积（mL）；D 表示水样的稀释倍数。

七、注意事项

（1）水样采集后存于聚乙烯瓶或玻璃瓶内，要尽快分析。如需保存，应加硫酸使水样酸化至 pH<2，2~5℃下可保存 7d。

（2）如果水样的颜色过深、含盐量过多，酒石酸钾盐对水样中的金属离子掩蔽能力不够，或水样中存在高浓度的钙、镁和氯化物时，都需要预蒸馏。

八、思考题

测定水样中的氨氮还能采用什么方法？对比各方法的不同之处。

实验八　水中总磷的测定（钼酸铵分光光度法）

一、实验目的

（1）理解水中总磷的含义。

（2）掌握钼酸铵分光光度测试方法，并熟练掌握紫外可见分光光度计的基本工作原理。

二、实验原理

水样中总磷包括溶解的、颗粒的磷,有机的和无机的磷。在中性条件下用过硫酸钾(或硝酸-高氯酸)使试样消解,将所含的磷全部氧化为正磷酸盐。在酸性介质中,正磷酸盐与钼酸铵反应,在锑盐的存在下生成磷钼杂多酸后,立即被抗坏血酸还原,生成蓝色的络合物。本方法的最低检出浓度为 0.01mg/L,测定上限为 0.60mg/L。

三、实验仪器和材料

(1) 高压蒸汽灭菌器(图 2-6)。

图 2-6　高压蒸汽灭菌器

(2) 50mL 具塞(磨口)刻度管。
(3) 紫外可见分光光度计。
(4) 其他实验室常用的玻璃器皿和设备。

四、实验试剂

本实验所用试剂除另有说明外,均应使用符合国家标准或专业标准的分析试剂。本实验所用的水为去离子水。

(1) 浓硫酸:$\rho=1.84 \text{g/mL}$。
(2) 浓硝酸:$\rho=1.64 \text{g/mL}$。
(3) 高氯酸($HClO_4$):优级纯,$\rho=1.68 \text{g/mL}$。
(4) (1+1)硫酸溶液。
(5) 硫酸溶液($c_{1/2H_2SO_4}=1 \text{mol/L}$):将 27mL 浓硫酸加入到 973mL 水中。
(6) 氢氧化钠溶液($c_{NaOH}=1 \text{mol/L}$):将 40g 氢氧化钠溶于水并稀释至 1000mL。

(7) 过硫酸钾溶液（$c_{K_2S_2O_8}=50g/L$）：称取 5g 过硫酸钾（$K_2S_2O_8$）溶于水，并稀释至 100mL。

(8) 抗坏血酸溶液（$c_{C_6H_8O_6}=100g/L$）：溶解 10g 抗坏血酸（$C_6H_8O_6$）于水中，并稀释至 100mL。此溶液贮存于棕色试剂瓶中，在冷处可稳定几周。如不变色可长时间使用。

(9) 钼酸盐溶液：溶解 13g 钼酸铵[$(NH_4)_6MO_7O_{24}\cdot 4H_2O$]于 100mL 水中。溶解 0.35g 酒石酸锑钾（$KSbC_4H_4O_7\cdot 1/2H_2O$）于 100mL 水中。在不断搅拌下把钼酸铵溶液缓慢加到 300mL（1+1）硫酸溶液中，加酒石酸锑钾溶液并且混合均匀。此溶液贮存于棕色试剂瓶中，在冷处可保存两个月。

(10) 浊度-色度补偿液：混合 2 个体积的（1+1）硫酸溶液和 1 个体积的抗坏血酸液。使用当天配制。

(11) 磷标准贮备液：称取（$0.219\ 7\pm 0.001$）g 于 110℃干燥 2h 并在干燥器中放冷的磷酸二氢钾（KH_2PO_4），用水溶解后转移至 1000mL 容量瓶中，加入大约 800mL 水和 5mL（1+1）硫酸溶液，用水稀释至标线并混匀。1mL 此标准溶液含 $50\mu g$ 磷。此溶液在玻璃瓶中可贮存至少 6 个月。

(12) 磷标准使用液：将 10mL 的磷标准贮备液转移至 250mL 容量瓶中，用水稀释至标线并混匀。1mL 此标准溶液含 $2\mu g$ 磷。使用当天配制。

(13) 酚酞指示剂（$c=10g/L$）：0.5g 酚酞溶于 50mL 浓度为 95% 的乙醇中。

五、实验步骤

1. 样品的采集与制备

(1) 取 500mL 水样后加入 1mL 浓硫酸调节样品的 pH 值，使之小于或等于 1。或不加任何试剂于冷处保存。

(2) 取 25mL 上述水样于具塞刻度管中。取时应仔细摇匀，以得到溶解部分和悬浮部分均具有代表性的试样。如样品含磷浓度较高，试样体积可以减少。

2. 样品测定

1) 消解

(1) 过硫酸钾消解：向水样中加 4mL 过硫酸钾，将具塞刻度管的盖塞紧后，用一小块布和线将玻璃塞扎紧（或用其他方法固定），放在大烧杯中置于高压蒸汽消毒器里加热。待压力达 $1.1kg/cm^2$、相应温度为 120℃时，保持 30min 后停止加热。待压力表读数降至零后，取出放冷。然后用水稀释至标线。如用浓硫酸保存水样，当用过硫酸钾消解时，须先将试样调至中性。

(2) 硝酸-高氯酸消解（用过硫酸钾消解水样中的有机物后,有机物不能完全被破坏时,可用此法消解）：取 25mL 水样于锥形瓶中,加数粒玻璃珠,加 2mL 浓硝酸,将水样在电热板上加热浓缩至 10mL。冷却后加 5mL 浓硝酸,再加热浓缩至 10mL,放冷。加 3mL 高氯酸,加热至冒白烟,此时可在锥形瓶上加小漏斗或调节电热板温度,使消解液在锥形瓶内壁保持回流状态,直至剩下 3~4mL,放冷。

加水 10mL 和 1 滴酚酞指示剂。滴加氢氧化钠溶液至水样刚呈微红色,再滴加硫酸溶液使微红刚好退去,充分混匀。移至具塞刻度管中,用水稀释至标线。

2) 发色

分别向各份消解液中加入 1mL 抗坏血酸溶液,混匀,30s 后加 2mL 钼酸盐溶液,充分混匀。

3) 分光光度计测量

将各份消解液在室温下放置 15min 后,使用光程为 30mm 的比色皿,在 700nm 波长下,以水做参比,测定吸光度。扣除空白试样的吸光度后,从工作曲线上查得磷的含量。

4) 标准曲线的绘制

取 7 支具塞刻度管分别加入 0mL,0.5mL,1mL,3mL,5mL,10mL,15mL 磷标准使用液,加水至 25mL。然后按测定步骤进行处理。以水做参比,测定吸光度。扣除空白试样的吸光度后,按照对应的磷的含量绘制标准曲线。

3. 空白试验

用水代替试样,按上述实验步骤进行空白试验,并加入与测定时相同体积的试剂。

六、数据记录与处理

总磷浓度计算式为

$$c = m/V$$

式中：c 表示总磷浓度（mg/L）；m 表示试样测得的含磷量（μg）；V 表示测定用试样的体积（mL）。

七、注意事项

(1) 含磷量较小的水样不要用塑料瓶采样,磷酸盐易吸附在塑料瓶壁上。

(2) 用硝酸-高氯酸消解时须在通风橱中进行。高氯酸和有机物的混合物经加热易发生危险,须将试样先用硝酸消解,然后再加入硝酸-高氯酸消解。且绝不可把消解的试样蒸干。洗液如消解后有残渣,用滤纸将消解液过滤于具塞刻度管中,并用水充分清洗锥形瓶及滤纸,一并移到具塞刻度管中。

(3) 所有玻璃器皿均应用稀盐酸或稀硝酸浸泡。

八、思考题

(1) 为什么用过硫酸钾消解水样时,需要调节水样 pH 值至中性?
(2) 天然水体、工业废水等样品中的磷一般以何种形态存在?

实验九 水中总氮的测定
(碱性过硫酸钾消解紫外分光光度法)

一、实验目的

(1) 理解水中总氮的含义。
(2) 掌握紫外分光光度法测定水中总氮的原理以及方法。

二、实验原理

总氮(total nitrogen,TN)指样品中能测定的溶解态氮及悬浮物中氮的总和,包括亚硝酸盐氮、硝酸盐氮、无机铵盐、溶解态氨及大部分有机含氮化合物中的氮。

在 120~124℃ 时,碱性过硫酸钾溶液使样品中含氮化合物的氮转化为硝酸盐,采用紫外分光光度法于波长 220nm 和 275nm 处,分别测定吸光度 A_{220} 和 A_{275},按以下公式计算校正吸光度 A,总氮(以 N 计)含量与校正吸光度 A 成正比。

$$A = A_{220} - 2A_{275}$$

当取样量为 10mL 时,本方法的检出限为 0.05mg/L,测定范围为 0.20~7.00mg/L。

三、实验仪器和材料

(1) 紫外可见分光光度计。
(2) 高压蒸汽灭菌器。
(3) 具塞磨口玻璃比色管:25mL。
(4) 实验室常用的玻璃器皿和设备。

四、实验试剂

除非另有说明,分析时均使用符合国家标准的分析纯试剂,本实验用水为无氨水。
(1) 无氨水:每升水中加入 0.1mL 浓硫酸蒸馏,收集馏出液于具塞玻璃容器中。也可使用新制备的去离子水。
(2) 氢氧化钠:含氮量应小于 0.000 5%。

(3) 过硫酸钾($K_2S_2O_4$)：含氮量应小于0.0005%。

(4) 硝酸钾(KNO_3)：基准试剂或优级纯。在105～110℃下烘干2h，在干燥器中冷却至室温。

(5) 浓盐酸：$\rho=1.19g/mL$。

(6) 浓硫酸：$\rho=1.84g/mL$。

(7) (1+9)盐酸溶液。

(8) (1+35)硫酸溶液。

(9) 氢氧化钠溶液Ⅰ($c_{NaOH}=200g/L$)：称取20g氢氧化钠溶于少量水中，稀释至100mL。

(10) 氢氧化钠溶液Ⅱ($c_{NaOH}=20g/L$)：量取氢氧化钠溶液Ⅰ10.0mL，用水稀释至100mL。

(11) 碱性过硫酸钾溶液：称取40g过硫酸钾溶于600mL水中（可置于50℃水浴中加热至全部溶解）；另称取15g氢氧化钠溶于300mL水中。待氢氧化钠溶液冷却至室温后，混合两种溶液并定容至1000mL，存放于聚乙烯瓶中，可保存1周。

(12) 硝酸钾标准贮备液($c_N=100mg/L$)：称取0.7218g硝酸钾溶于适量水中，移至1000mL容量瓶，用水稀释至标线，混匀。加入1～2mL三氯甲烷作为保护剂，在0～10℃暗处保存，可稳定6个月。也可直接购买市售有证标准溶液。

(13) 硝酸钾标准使用液($c_N=10.0mg/L$)：量取10mL硝酸钾标准贮备液至100mL容量瓶中，用水稀释至标线，混匀。临用现配。

五、实验步骤

1. 样品的采集与制备

(1) 将采集好的样品贮存在聚乙烯瓶或硬质玻璃瓶中，用浓硫酸调节pH值至1～2，常温下可保存7d。贮存在聚乙烯瓶中，-20℃冷冻，可保存1个月。

(2) 取适量样品用氢氧化钠溶液Ⅱ或(1+35)硫酸溶液调节pH值至5～9，待测。

2. 标准曲线的绘制

分别量取0mL、0.2mL、0.5mL、1mL、3mL和7mL硝酸钾标准使用液于25mL具塞磨口玻璃比色管中，其对应的总氮（以N计）含量分别为0μg、2μg、5μg、10μg、30μg和70μg。加水稀释至10mL，再加入5mL碱性过硫酸钾溶液，塞紧管塞，用纱布和线绳扎紧管塞，以防弹出。将比色管置于高压蒸汽灭菌器中，加热至顶压阀吹气，关阀，继续加热至120℃开始计时，保持温度在120～124℃之间30min。自然冷却，开阀放气，移去外盖，取出比色管冷却至室温，按住管塞将比色管中的液体颠倒混匀2～3次。

每个比色管分别加入 1mL(1+9)盐酸溶液,用水稀释至标线,盖塞混匀。使用 10mm 石英比色皿,在紫外可见分光光度计上,以水做参比,分别于波长 220nm 和 275nm 处测定吸光度。按下列公式进行计算。以总氮(以 N 计)含量(μg)为横坐标,对应的 A 值为纵坐标,绘制标准曲线。

$$A_b = A_{b220} - 2A_{b275}$$
$$A_s = A_{s220} - 2A_{s275}$$
$$A_r = A_s - A_b$$

式中:A_b 表示零浓度(空白)溶液的校正吸光度;A_{b220} 表示零浓度(空白)溶液于波长 220nm 处的吸光度;A_{b275} 表示零浓度(空白)溶液于波长 275nm 处的吸光度;A_s 表示标准溶液的校正吸光度;A_{s220} 表示标准溶液于波长 220nm 处的吸光度;A_{s275} 表示标准溶液于波长 275nm 处的吸光度;A_r 表示标准溶液校正吸光度与零浓度(空白)溶液校正吸光度的差。

3. 样品测定

量取 10mL 水样于 25mL 具塞磨口玻璃比色管中,按照上述步骤进行测定(试样中的含氮量超过 70μg 时,可减少取样量并加水稀释至 10mL)。

4. 空白试验

用 10mL 水代替试样,按照上述步骤进行测定。

六、数据记录与处理

按照公式计算试样校正吸光度和空白试验校正吸光度差值 A,在标准曲线上查出相应的总氮含量(μg)。样品中总氮的质量浓度 c_N(mg/L)按下式进行计算:

$$c_N = m/V$$

式中:m 表示水样测出的含氮量(μg);V 表示测定用水样的体积(mL)。

七、注意事项

(1) 若水样中的六价铬离子和三价铁离子对测定产生干扰,可加入 5% 盐酸羟胺溶液 1~2mL 以消除它们。

(2) 所使用的玻璃器皿应先用(1+9)盐酸溶液浸泡后,再用无氨水冲洗数次才能使用。否则,会造成空白值偏高或平行性较差。

(3) 该项目的测定涉及 2 个波长(220nm 和 275nm),建议在同一波长测定完一组样品后,再调整到另一波长,统一测定。不要测完一个样品的 2 个吸光度后再换另一个样品,反复调整波长会引起一定的测量误差。

八、思考题

(1) 测量中引起空白值偏高的主要原因是什么？如何避免？

(2) 标准曲线自回归系数较差的原因是什么？

实验十　水中化学需氧量（COD_{Cr}）的测定（快速消解分光光度法）

水中化学需氧量的测定

> **警告**：硫酸汞属于剧毒化学品，硫酸具有较强化学腐蚀性，操作时应按规定要求佩戴防护器具，在通风橱中操作。废液均须回收倒入指定回收桶内。

一、实验目的

(1) 理解化学需氧量和 COD_{Cr} 的含义与关系，了解测定化学需氧量的不同方法。

(2) 掌握重铬酸钾快速消解法测定水中化学需氧量的原理和方法。

二、实验原理

化学需氧量（chemical oxygen demand，COD）是指在一定条件下，采用一定的强氧化剂处理水样时，所消耗的与氧化剂相当的氧量，以氧的浓度（mg/L）来表示。水中化学需氧量反映了水中受还原性物质污染的程度。水中还原性物质包括有机物、硝酸盐、铁盐、硫化物等。一般有机物为消耗氧化剂的主要成分，因此水中化学需氧量也作为衡量水中有机物相对含量的指标之一。水中化学需氧量越大，说明水体受有机物的污染越严重。但它只能反映能被化学氧化剂氧化的有机物的污染情况，不能反映多环芳烃、多氯联苯、二噁英类等有机物的污染状况。

往试样中加入已知量的重铬酸钾溶液，在强硫酸介质中，以硫酸银作为催化剂，经高温消解后，用分光光度法测定 COD 值。当试样中 COD 值为 15～250mg/L 时，在 (440±20)nm 波长处测定重铬酸钾[未被还原的六价铬（Cr^{6+}）和被还原产生的三价铬（Cr^{3+}）的两种铬离子]的总吸光度；试样中的 COD 值与六价铬吸光度的减少值成正比例，与三价铬吸光度的增加值成正比例，与总吸光度的减少值成正比例，将总吸光度值换算成试样的 COD 值。本方法的测定下限为 15mg/L，测定上限为 1000mg/L。

三、实验仪器和材料

(1) 仪器：万分位电子天平、烘箱、COD 快速消解仪（图 2-7）、紫外可见分光光度计。

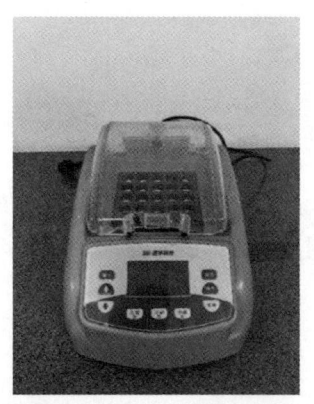

图 2-7 COD 快速消解仪

(2) 实验室常用的玻璃器皿:容量瓶、烧杯、玻璃棒、棕色试剂瓶、移液管、锥形瓶、消解管。

(3) 其他材料:药匙、称量纸。

四、实验试剂

除另有说明外,分析中使用的所有试剂纯度为分析纯,所有水为去离子水。

(1) 浓硫酸:$\rho=1.84$g/mL。

(2) (1+9)硫酸溶液:将 100mL 浓硫酸沿烧杯壁慢慢加入到 900mL 水中,搅拌混匀,冷却备用。

(3) 重铬酸钾标准溶液($c_{1/6K_2Cr_2O_7}=0.16$mol/L):将优级纯 $K_2Cr_2O_7$ 于 120℃烘干 2h,称取 7.844 9g 置烧杯中,加入 600mL 水,边搅拌边慢慢加入 100mL 纯硫酸,溶解冷却后,转移此溶液于 1L 容量瓶中,用水定容至标线,摇匀。溶液可稳定保存 6 个月。

(4) 硫酸银-硫酸溶液:将 5g 硫酸银加入 500mL 硫酸,静置 1~2d,搅拌使其溶解。

(5) 不含汞的预装混合试剂:测定方法使用分光光度法,在消解管中先加入重铬酸钾标准溶液 1mL,再加入(1+9)硫酸溶液 0.5mL,在通风橱中加入硫酸银-硫酸溶液 6mL。试剂在常温避光下可稳定保存一年。

(6) 邻苯二甲酸氢钾标准贮备液(COD 值为 1250mg/L):将邻苯二甲酸氢钾 $[C_6H_4(COOH)(COOK)]$(优级纯)在 105~110℃下干燥至恒重后,称取 0.531 8g 邻苯二甲酸氢钾溶于 250mL 水中,转移此溶液于 500mL 容量瓶中,用水稀释至标线,摇匀。此溶液在 2~8℃下贮存,可稳定保存 1 个月。

(7) COD 标准系列使用溶液(低量程,上限为 250mg/L):COD 值分别是 25mg/L、50mg/L、100mg/L、150mg/L、200mg/L、250mg/L。此溶液在 2~8℃可稳定保存 1 个月。

五、实验步骤

1. 样品的采集与制备

采集的水样不应少于100mL,并保存在洁净的玻璃瓶中。采集好的水样应在24h内测定,否则加入硫酸将水样调至pH<2。样品在0~4℃冷藏保存,一般可保存7d。

2. 标准曲线绘制

(1) 分别量取5mL、10mL、20mL、30mL、40mL和50mL邻苯二甲酸氢钾标准贮备液加入到相应的250mL容量瓶中,用去离子水稀释至标线。所配置的COD标准系列使用溶液对应的COD值分别是25mg/L、50mg/L、100mg/L、150mg/L、200mg/L和250mg/L。此溶液在2~8℃稳定保存1个月。

(2) 准确吸取3mL COD标准系列使用溶液于消解管中,分别加入1mL重铬酸钾标准溶液、0.5mL(1+9)硫酸溶液以及6mL硫酸银-硫酸溶液,拧紧消解管管盖,混匀。

(3) 在通风橱中,打开消解仪电源,待温度达到165℃时,再将消解管放入加热器中,打开计时开关,消解15min(样品温度达到165℃时开始计时)。取出加热管冷却,在(440±20)nm波长处以水为参比液用紫外可见分光光度计测定吸光度值。

(4) 空白试验测定的吸光度值与上述各标准系列使用溶液测定的吸光度值的差值为纵坐标,对应溶液的浓度为横坐标,绘制标准曲线。

3. 样品测定

准确吸取3mL水样于消解管中,按照与标准曲线绘制相同步骤进行测定。

4. 空白试验

用3mL去离子水代替试样,按上述实验步骤进行空白试验。空白试样应和水样同时测定。

5. 质控样测定

质控样是由邻苯二甲酸氢钾配制的化学需氧量标准液制得的。质控样的测定结果可以作为样品分析准确性的判断依据。取3mL质控样代替水样,其操作与测定水样相同。

六、数据记录与处理

在(440±20)nm波长处测试时,水样COD值计算式为

$$c_{COD} = n[k(A_b - A_s) + a]$$

式中：c_{COD} 表示水样 COD 值（mg/L）；n 表示水样稀释倍数；k 表示标准曲线灵敏度 [(mg/L)/L]；A_s 表示水样测定的吸光度值；A_b 表示空白试验测定的吸光度值；a 表示标准曲线的截距（mg/L）。

COD 测定值一般保留三位有效数字。

七、注意事项

该方法的主要干扰物为氯化物，Cl^- 能被重铬酸盐氧化，并且能与硫酸银作用产生沉淀，影响测定结果，故在消解前向水样中加入(1+9)硫酸溶液掩蔽剂，与 Cl^- 结合成可溶性的氯汞络合物，从而消除干扰。当 Cl^- 浓度超过 1000mg/L 时，COD_{Cr} 的最低允许值为 250mg/L，若低于此值，结果就不可靠。一般情况下，Cl^- 浓度高于 1000mg/L 的水样应先作定量稀释，使浓度降至 1000mg/L 以下，再进行测定。因此测定高氯水样时，一定要先加掩蔽剂再加其他试剂，次序不能颠倒。若出现沉淀，说明掩蔽剂的加入量不够，可适当加量。掩蔽剂的用量可参考水样中 Cl^- 的浓度，按质量比 $m_{H_2SO_4}:m_{Cl^-} \geqslant 20:1$ 的比例加入，最大加入量为 2mL（按照 Cl^- 最大允许浓度 1000mg/L 计）。

八、思考题

（1）水中高锰酸盐指数（COD_{Mn}）与 COD_{Cr} 有何异同？

（2）该实验中的消解液、催化剂和掩蔽剂分别是什么？实验过程是否可以先加消解液和催化剂，再加掩蔽剂？为什么？

实验十一　水中无机阴离子的测定（离子色谱法）

一、实验目的

（1）掌握离子色谱法的基本原理。
（2）掌握常见阴离子的测定方法。
（3）掌握离子色谱仪的组成及基本操作方法。

二、实验原理

水质样品中的阴离子，经阴离子色谱柱交换分离，采用抑制型电导检测器进行检测，根据保留时间定性、峰高或峰面积定量。

当进样量为 25μL 时，本方法 8 种可溶性无机阴离子的方法检出限和测定下限见表 2-3。

表 2-3　方法检出限和测定下限　　　　　　　　　　　　　　单位：mg/L

离子	F^-	Cl^-	NO_2^-	Br^-	NO_3^-	PO_4^{3-}	SO_3^{2-}	SO_4^{2-}
方法检出限	0.006	0.007	0.016	0.016	0.016	0.051	0.046	0.018
测定下限	0.024	0.028	0.064	0.064	0.064	0.204	0.184	0.072

三、实验仪器和材料

(1) 离子色谱仪(图 2-8)。

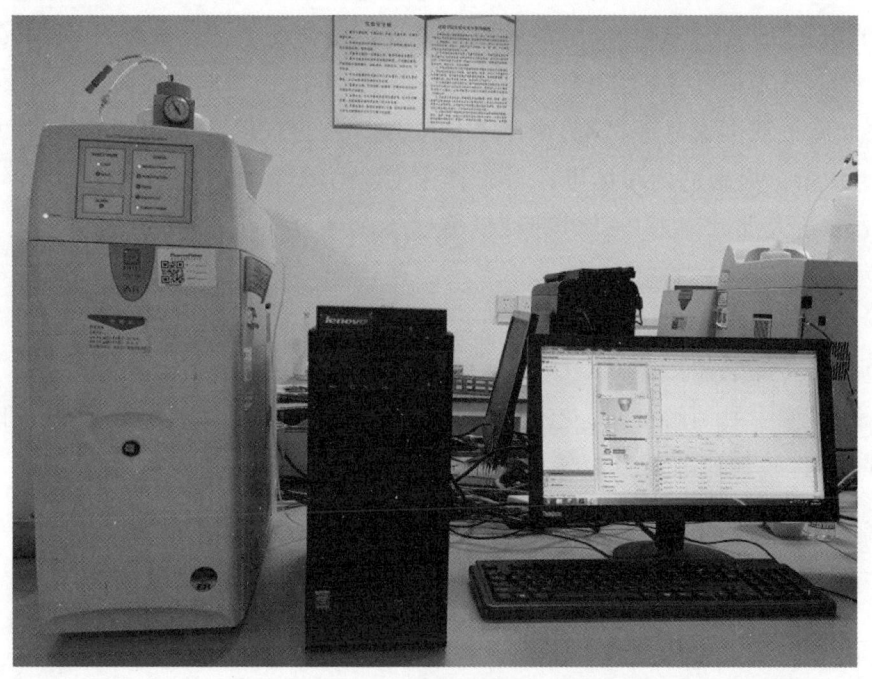

图 2-8　离子色谱仪

(2) 抽气过滤装置：配有孔径≤0.45μm 的醋酸纤维滤膜或聚乙烯滤膜。

(3) 一次性水系微孔滤膜针筒过滤器：孔径 0.45μm。

(4) 一次性注射器：1～10mL。

(5) 预处理柱：以聚苯乙烯-二乙烯基苯为基质的 RP 柱或硅胶为基质键合 C_{18} 柱(去除疏水性化合物)；H 型强酸性阳离子交换柱或 Na 型强酸性阳离子交换柱(去除重金属和过渡金属离子)等。

(6) 实验室常用的其他仪器和设备。

四、实验试剂

除非另有说明,分析时均使用符合国家标准的分析纯试剂。本实验用水为电阻率≥18MΩ·cm(25℃),并经过孔径0.45μm的微孔滤膜过滤的去离子水。

(1) 氟化钠(NaF):优级纯,使用前应于(105±5)℃干燥至恒重后,置于干燥器中保存。

(2) 氯化钠(NaCl):优级纯,使用前应于(105±5)℃干燥至恒重后,置于干燥器中保存。

(3) 溴化钾(KBr):优级纯,使用前应于(105±5)℃干燥至恒重后,置于干燥器中保存。

(4) 亚硝酸钠($NaNO_2$):优级纯,使用前应置于干燥器中平衡24h。

(5) 硝酸钾(KNO_3):优级纯,使用前应于(105±5)℃干燥至恒重后,置于干燥器中保存。

(6) 磷酸二氢钾(KH_2PO_4):优级纯,使用前应于(105±5)℃干燥至恒重后,置于干燥器中保存。

(7) 亚硫酸钠(Na_2SO_4):优级纯,使用前应置于干燥器中平衡24h。

(8) 甲醛(CH_2O):纯度为40%。

(9) 无水硫酸钠(Na_2SO_4):优级纯,使用前应于(105±5)℃干燥至恒重后,置于干燥器中保存。

(10) 碳酸钠(Na_2CO_3):使用前应于(105±5)℃干燥至恒重后,置于干燥器中保存。

(11) 碳酸氢钠($NaHCO_3$):使用前应置于干燥器中平衡24h。

(12) 氢氧化钠(NaOH):优级纯。

(13) 氟离子标准贮备液(c_{F^-}=1000mg/L):准确称取2.210 0g氟化钠溶于适量水中,全量移入1000mL容量瓶,用水稀释定容至标线,混匀。转移至聚乙烯瓶中,于4℃以下冷藏,避光和密封可保存6个月。亦可购买市售有证标准物质。

(14) 氯离子标准贮备液(c_{Cl^-}=1000mg/L):准确称取1.648 5g氯化钠溶于适量水中,全量转入1000mL容量瓶,用水稀释定容至标线,混匀。转移至聚乙烯瓶中,于4℃以下冷藏,避光和密封可保存6个月。亦可购买市售有证标准物质。

(15) 溴离子标准贮备液(c_{Br^-}=1000mg/L):准确称取1.487 5g溴化钾溶于适量水中,全量转入1000mL容量瓶,用水稀释定容至标线,混匀。转移至聚乙烯瓶中,于4℃以下冷藏,避光和密封可保存6个月。亦可购买市售有证标准物质。

(16) 亚硝酸根标准贮备液($c_{NO_2^-}$=1000mg/L):准确称取1.499 7g亚硝酸钠溶于

适量水中,全量转入 1000mL 容量瓶,用水稀释定容至标线,混匀。转移至聚乙烯瓶中,于 4℃ 以下冷藏,避光和密封可保存 1 个月。亦可购买市售有证标准物质。

(17) 硝酸根标准贮备液($c_{NO_3^-}$ = 1000mg/L):准确称取 1.630 4g 硝酸钾溶于适量水中,全量转入 1000mL 容量瓶,用水稀释定容至标线,混匀。转移至聚乙烯瓶中,于 4℃ 以下冷藏,避光和密封可保存 6 个月。亦可购买市售有证标准物质。

(18) 磷酸根标准贮备液($c_{PO_4^{3-}}$ = 1000mg/L):准确称取 1.431 6g 磷酸二氢钾溶于适量水中,全量转入 1000mL 容量瓶,用水稀释定容至标线,混匀。转移至聚乙烯瓶中,于 4℃ 以下冷藏,避光和密封可保存 1 个月。亦可购买市售有证标准物质。

(19) 亚硫酸根标准贮备液($c_{SO_3^{2-}}$ = 1000mg/L):准确称取 1.575 0g 亚硫酸钠溶于适量水中,全量转入 1000mL 容量瓶,加入 1mL 甲醛进行固定(为防止 SO_3^{2-} 氧化),用水稀释定容至标线,混匀。转移至聚乙烯瓶中,于 4℃ 以下冷藏,避光和密封可保存 1 个月。

(20) 硫酸根标准贮备液($c_{SO_4^{2-}}$ = 1000mg/L):准确称取 1.479 2g 无水硫酸钠溶于适量水中,全量转入 1000mL 容量瓶,用水稀释定容至标线,混匀。转移至聚乙烯瓶中,于 4℃ 以下冷藏,避光和密封可保存 6 个月。亦可购买市售有证标准物质。

(21) 混合标准使用液:分别移取 10mL 氟离子标准贮备液、200mL 氯离子标准贮备液、10mL 溴离子标准贮备液、10mL 亚硝酸根标准贮备液、100mL 硝酸根标准贮备液、50mL 磷酸根标准贮备液、50mL 亚硫酸根标准贮备液、200mL 硫酸根标准贮备液于 1000mL 容量瓶中,用水稀释定容至标线,混匀。配制成含有 10mg/L F^-、200mg/L Cl^-、10mg/L 的 Br^-、10mg/L 的 NO_2^-、100mg/L 的 NO_3^-、50mg/L 的 PO_4^{3-}、50mg/L 的 SO_3^{2-} 和 200mg/L 的 SO_4^{2-} 的混合标准使用液。

(22) 淋洗液:根据仪器型号及色谱柱说明书中的使用条件进行配制。以下给出几种淋洗液供参考。

① 碳酸盐淋洗液 Ⅰ ($c_{Na_2CO_3}$ = 6.0mmol/L,c_{NaHCO_3} = 5.0mmol/L):准确称取 1.272 0g 碳酸钠和 0.840 0g 碳酸氢钠,分别溶于适量水中,全量转入 2000mL 容量瓶,用水稀释定容至标线,混匀。

② 碳酸盐淋洗液 Ⅱ ($c_{Na_2CO_3}$ = 3.2mmol/L,c_{NaHCO_3} = 1.0mmol/L):准确称取 0.678 4g 碳酸钠和 0.168 0g 碳酸氢钠,分别溶于适量水中,全量转入 2000mL 容量瓶,用水稀释定容至标线,混匀。

③ 氢氧根淋洗液(由仪器自动在线生成或手工配制)。

a. 氢氧化钾淋洗液:由淋洗液自动电解发生器在线生成。

b. 氢氧化钠淋洗液:c_{NaOH} = 100mmol/L。称取 100g 氢氧化钠,加入 100mL 水,搅拌至完全溶解,于聚乙烯瓶中静置 24h,制得氢氧化钠贮备液,于 4℃ 以下冷藏,避光和密封可保存 3 个月。移取 5.2mL 上述氢氧化钠贮备液于 1000mL 容量瓶中,用水稀释定容至标线,混匀后立即转移至淋洗液瓶中。可加氮气保护,以减缓碱性淋洗液因吸收空气中的 CO_2 而失效。

五、实验步骤

1. 样品的采集和制备

(1) 采集的样品应尽快分析。若不能及时测定,应经抽气过滤装置过滤,于 4℃ 以下冷藏、避光保存。不同待测离子的保存时间和容器要求见表 2-4。

表 2-4 水样的保存条件和要求

离子	盛放容器	保存时间/d
F^-	聚乙烯瓶	14
Cl^-	硬质玻璃瓶或聚乙烯瓶	30
NO_2^-	硬质玻璃瓶或聚乙烯瓶	2
Br^-	硬质玻璃瓶或聚乙烯瓶	2
NO_3^-	硬质玻璃瓶或聚乙烯瓶	7
PO_4^{3-}	硬质玻璃瓶或聚乙烯瓶	2
SO_3^{2-}	硬质玻璃瓶或聚乙烯瓶	7
SO_4^{2-}	硬质玻璃瓶或聚乙烯瓶	30

(2) 对于不含疏水性化合物、重金属或过渡金属离子等干扰物质的清洁水样,经抽气过滤装置过滤后,可直接进样;也可用带有水系微孔滤膜针筒过滤器的一次性注射器进样。对含干扰物质的复杂水质样品,须用相应的预处理柱进行有效去除后再进样。空白试验以实验用水代替样品,按照上述相同步骤制备实验室空白试样。

2. 标准曲线的绘制

分别准确移取 0mL、1mL、2mL、5mL、10mL、20mL 混合标准使用液置于一组 100mL 容量瓶中,用水稀释定容至标线,混匀。配制成 6 个不同浓度的混合标准系列,标准系列质量浓度见表 2-5。可根据被测样品的浓度确定合适的标准系列浓度范围。按其浓度由低到高的顺序依次注入离子色谱仪,记录峰面积(或峰高)。以各离子的质量浓度为横坐标,以峰面积(或峰高)为纵坐标,绘制标准曲线。

表 2-5 阴离子标准系列质量浓度　　　　　　　　　　　　　单位：mg·L^{-1}

离子	标准系列质量浓度					
F^-	0.00	0.10	0.20	0.50	1.00	2.00
Cl^-	0.00	2.00	4.00	10.0	20.0	40.0
NO_2^-	0.00	0.10	0.20	0.50	1.00	2.00
Br^-	0.00	0.10	0.20	0.50	1.00	2.00
NO_3^-	0.00	1.00	2.00	5.00	10.0	20.0
PO_4^{3-}	0.00	0.50	1.00	2.50	5.00	10.0
SO_3^{2-}	0.00	0.50	1.00	2.50	5.00	10.0
SO_4^{2-}	0.00	2.00	4.00	10.0	20.0	40.0

3. 试样的测定

按照与绘制标准曲线相同的色谱条件和步骤，将试样注入离子色谱仪测定阴离子浓度，以保留时间定性、仪器响应值定量。

4. 空白试验

用去离子水代替试样，按照与试样测定相同的色谱条件和步骤，将空白试样注入离子色谱仪测定阴离子浓度，以保留时间定性、仪器响应值定量。

六、数据记录与处理

(1) 样品中无机阴离子（F^-、Cl^-、NO_2^-、Br^-、NO_3^-、PO_4^{3-}、SO_3^{2-}、SO_4^{2-}）的质量浓度，计算式为

$$c=[(h-h_0-a)\times f]/b$$

式中：c 表示样品中阴离子的质量浓度（mg/L）；h 表示试样中阴离子的峰面积（或峰高）；h_0 表示实验室空白试样中阴离子的峰面积（或峰高）；a 表示回归方程的截距；f 表示样品的稀释倍数；b 表示回归方程的斜率。

当样品浓度<1mg/L 时，结果保留至小数点后三位；当样品浓度≥1mg/L 时，结果保留三位有效数字。

(2) 质量保证和质量控制。

① 每批次(≤20 个)样品，应至少做 2 个实验室空白试验，空白试验结果应低于方法检出限。否则应查明原因，重新分析直至合格之后才能测定样品。

② 标准曲线的相关系数应≥0.995，否则应重新绘制标准曲线。

③ 每批次(≤20个)样品,应分析 1 个标准曲线中间点浓度的标准溶液,其测定结果与标准曲线该点浓度之间的相对误差应≤10%。否则,应重新绘制标准曲线。

④ 每批次(≤20个)样品,应至少测定 10%的平行双样,样品少于 10 个时,应至少测定 1 个平行双样。测定结果的相对偏差应≤10%。

⑤ 每批次(≤20个)样品,应至少做 1 个加标回收率测定,实际样品的加标回收率应控制在 80%~120%之间。

七、注意事项

(1) 由于 SO_3^{2-} 在环境中极易氧化成 SO_4^{2-},为防止其氧化,可在配制亚硫酸根标准贮备液时,加入 0.1%甲醛进行固定。标准系列可采用"7+1"方式制备,即配置成 7 种阴离子混合标准系列和 SO_3^{2-} 单独标准系列。

(2) 分析废水样品时,所用的预处理柱应能有效去除样品基质中的疏水性化合物、重金属或过渡金属离子,同时对测定的阴离子不发生吸附。

(3) 若测定结果超出标准曲线范围,应将样品用实验用水稀释处理后重新测定;可预先稀释 50~100 倍后试进样,再根据所得结果选择适当的稀释倍数重新进样分析,同时记录样品稀释倍数(f)。

八、思考题

(1) 在利用离子色谱仪测定无机阴离子过程中,哪些干扰因素会影响测定结果?
(2) 简述阴离子交换法的分离机理和过程。

实验十二 水中砷的测定(原子荧光光谱法)

一、实验目的

(1) 理解水中砷的形态和定义。
(2) 理解并掌握水中砷的测定方法。

二、实验原理

溶解态砷(soluble arsenic)指未经酸化的样品经 0.45μm 孔径滤膜过滤后所测定的砷的含量。砷总量(total quantity of arsenic)指未经过滤的样品消解后所测得的砷的含量。

预处理后的试液进入原子荧光光谱仪,在酸性条件的硼氢化钾(或硼氢化钠)还原作用下,生成砷化氢,氢化物在氩氢火焰中形成基态原子,其基态原子受元素灯(砷)发射光的激发产生原子荧光,原子荧光强度与试液中待测元素含量在一定范围内成正比。本方法砷的检出限为 $0.3\mu g/L$,测定下限为 $1.2\mu g/L$。

三、实验仪器和材料

(1) 原子荧光光谱仪(图 2-9)。

(2) 元素灯(砷)。

(3) 可调温电热板。

(4) 恒温水浴装置(图 2-10):温控精度 $\pm 1℃$。

(5) 抽滤装置:孔径为 $0.45\mu m$ 的水系微孔滤膜。

(6) 万分位电子天平。

(7) 采样容器:硬质玻璃瓶或聚乙烯瓶(桶)。

(8) 实验室常用的玻璃器皿:符合国家标准的 A 级玻璃量器和玻璃器皿。

图 2-9　原子荧光光谱仪

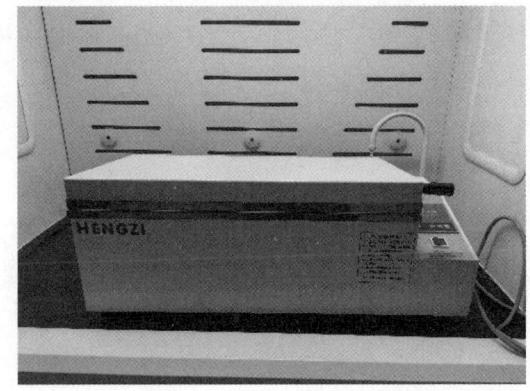

图 2-10　恒温水浴装置

四、实验试剂

除非另有说明,分析时均使用符合国家标准的分析纯化学试剂。本实验用水为新制备的去离子水或蒸馏水。

(1) 浓盐酸($\rho=1.19g/mL$):优级纯。

(2) 浓硝酸($\rho=1.42g/mL$):优级纯。

(3) 高氯酸($\rho=1.68g/mL$):优级纯。

(4) (1+1)盐酸溶液。

(5) (5+95)盐酸溶液。

(6) (1+1)硝酸溶液。

(7) 盐酸-硝酸溶液：分别量取 300mL 浓盐酸和 100mL 浓硝酸，加入 400mL 水中，混匀。

(8) 硝酸-高氯酸混合酸：用等体积浓硝酸和高氯酸混合配制。临用现配。

(9) 硼氢化钾溶液：称取 0.5g 氢氧化钠溶于 100mL 水中，加入 2g 硼氢化钾（KBH_4），混匀。此溶液用于砷的测定，临用现配，存于塑料瓶中。

(10) 硫脲-抗坏血酸溶液：称取硫脲（CH_4N_2S）和抗坏血酸（$C_6H_8O_6$）各 5g，用 100mL 水溶解，混匀。测定当日配制。

(11) 砷标准溶液。

① 砷标准贮备液（$c_{As}=100mg/L$）：购买市售有证标准物质，或称取 0.132 0g 于 105℃干燥 2h 的优级纯三氧化二砷（As_2O_3），溶解于 5mL 1mol/L 氢氧化钠溶液中，再用 1mol/L 盐酸溶液中和至酚酞指示剂的红色褪去，移入 1000mL 容量瓶中，用水稀释至标线，混匀。贮存于玻璃瓶中，4℃下可存放 2 年。

② 砷标准中间液（$c_{As}=1mg/L$）：移取 5mL 砷标准贮备液于 500mL 容量瓶中，加入 100mL (5+95) 盐酸溶液，用水稀释至标线，混匀。4℃下可存放 1 年。

③ 砷标准使用液（$c_{As}=100\mu g/L$）：移取 10.00mL 砷标准中间液于 100mL 容量瓶中，加入 20mL (5+95) 盐酸溶液，用水稀释至标线，混匀。4℃下可存放 30d。

(12) 氩气：纯度≥99.999%。

五、实验步骤

1. 样品的采集与制备

(1) 溶解态砷样品：采集后尽快用孔径为 0.45μm 的滤膜过滤，弃去初始滤液 50mL，用少量滤液清洗采样瓶，再收集滤液于采样瓶中。测定含砷的样品时，按每升水样中加入 2mL 浓盐酸的比例加入浓盐酸。样品保存期为 14d。

(2) 砷总量样品：除采集后不经过滤外，其他的处理方法和保存期同溶解态砷样品。

(3) 样品制备：量取 50mL 混匀后的溶解态砷样品或砷总量样品于 150mL 锥形瓶中，加入 5mL 硝酸-高氯酸混合酸，于电热板上加热至冒白烟，冷却。再加入 5mL (1+1) 盐酸溶液，加热至黄褐色烟冒尽，冷却后移入 50mL 容量瓶中，加水稀释至标线，混匀，待测。空白试样以水代替，按照上述步骤制备。

2. 仪器调试

(1) 依据原子荧光光谱仪说明书调节仪器至最佳工作状态。参考测量条件见表 2-6。

表 2-6　参考测量条件

元素	负高压/V	灯电流/mA	原子化器预热温度/℃	载气流量/(mL·min^{-1})	屏蔽气流量/(mL·min^{-1})	积分方式
As	260～300	40～60	200	400	900～1000	峰面积

(2) 标准曲线的绘制。

分别移取 0mL、0.5mL、1mL、2mL、3mL、5mL 砷标准使用液于 50mL 容量瓶中,其对应质量浓度为 0μg/L、1.0μg/L、2.0μg/L、4.0μg/L、6.0μg/L、10.0μg/L。再分别加入 10mL(1+1)盐酸溶液、10mL 硫脲-抗坏血酸溶液,室温放置 30min(室温低于 15℃时,置于 30℃水浴中保温 30min)用水稀释定容,混匀。

参考测量条件或采用自行确定的最佳测量条件,以(5+95)盐酸溶液为载流,硼氢化钾溶液为还原剂,按照浓度由低到高的顺序依次测定砷标准系列的原子荧光强度。以原子荧光强度为纵坐标,砷的质量浓度为横坐标、绘制标准曲线。

3. 试样的测定

量取 5mL 采集的试样于 10mL 比色管中,加入 2mL(1+1)盐酸溶液、2mL 硫脲-抗坏血酸溶液,室温放置 30min(室温低于 15℃时,置于 30℃水浴中保温 30min),用水稀释定容,混匀,再在与绘制标准曲线相同的条件下进行测定。超过标准曲线高浓度点的样品,对其消解液稀释后再行测定,稀释倍数为 f。

4. 空白试验

用去离子水代替试样,按照与上述相同步骤测定空白试样。

六、数据记录与处理

(1) 样品中砷的质量浓度 c 计算式为

$$c = \frac{c_r \times f \times V_1}{V}$$

式中:c 表示样品中砷的质量浓度(μg/L);c_r 表示在标准曲线上查得的试样中砷的质量浓度(μg/L);f 表示试样稀释倍数;V_1 表示分取后测定试样的定容体积(mL);V 表示分取试样的体积(mL)。

当砷的测定结果小于 10μg/L 时,保留至小数点后一位;当测定结果大于 10μg/L 时,保留三位有效数字。

(2) 质量保证和质量控制。

① 每测定 20 个样品要增加测定实验室空白 1 个,当不满 20 个样品时要测定实验室空白 2 个。所有空白的测试结果应小于方法检出限。

② 每次样品分析都应绘制标准曲线。标准曲线的相关系数应不小于 0.995。

③ 每测完 20 个样品进行一次标准曲线零点和中间点浓度的核查,测试结果的相对偏差应不大于 20%。

④ 每批样品至少测定 10% 的平行双样,样品数小于 10 时,至少测定 1 个平行双样。测试结果的相对偏差应不大于 20%。

⑤ 每批样品至少测定 10% 的加标样,样品数小于 10 时,至少测定 1 个加标样。加标回收率控制在 70%～130% 之间。

七、注意事项

(1) 硼氢化钾是强还原剂,极易与空气中的氧气和二氧化碳反应,在中性和酸性溶液中易分解产生氢气,所以配制硼氢化钾溶液时,要将硼氢化钾固体溶解在氢氧化钠溶液中。临用现配。

(2) 实验室所用的玻璃器皿均须用 (1+1) 硝酸溶液浸泡 24h,或用热硝酸荡洗。清洗时依次用自来水、去离子水洗净。

(3) 酸性介质中能与硼氢化钾反应生成氢化物的元素会相互影响产生干扰,加入硫脲+抗血酸溶液可以基本消除干扰。

八、思考题

若测定的空白值偏低或样品测定值偏低,可能是哪些原因造成的?

实验十三　水中汞的测定(原子荧光光谱法)

一、实验目的

了解并掌握测定汞的方法,并熟悉原子荧光光谱仪的操作方法。

二、实验原理

预处理后的试液进入原子荧光光谱仪,在酸性条件的硼氢化钾(或硼氢化钠)还原作用下,生成汞原子,汞原子受元素灯(汞)发射光的激发产生原子荧光,原子荧光强度与试液中待测元素含量在一定范围内成正比。本标准方法汞的检出限为 $0.04\mu g/L$,测定下限为 $0.16\mu g/L$。

三、实验仪器和材料

(1) 原子荧光光谱仪。

(2) 元素灯(汞)。

(3) 可调温电热板。

(4) 恒温水浴装置:温控精度为±1℃。

(5) 抽滤装置:孔径为 0.45μm 的水系微孔滤膜。

(6) 万分位电子天平。

(7) 采样容器:硬质玻璃瓶或聚乙烯瓶(桶)。

(8) 实验室常用的玻璃器皿:符合国家标准的 A 级玻璃量器和玻璃器皿。

四、实验试剂

除非另有说明,分析时均使用符合国家标准的分析纯化学试剂。本实验用水为新制备的去离子水或蒸馏水。

(1) 浓盐酸(ρ=1.19g/mL):优级纯。

(2) 浓硝酸(ρ=1.42g/mL):优级纯。

(3) (5+95)盐酸溶液。

(4) (1+1)盐酸溶液。

(5) (1+1)硝酸溶液。

(6) 盐酸-硝酸溶液:分别量取 300mL 浓盐酸和 100mL 浓硝酸,加入 400mL 水中,混匀。

(7) 硼氢化钾溶液:称取 0.5g 氢氧化钠溶于 100mL 水中,加入 1g 硼氢化钾,混匀。临用现配,存于塑料瓶中。

(8) 汞标准固定液:称取 0.5g 重铬酸钾($K_2Cr_2O_7$,优级纯)溶于 950mL 水中,加入 50mL 浓硝酸,混匀。

(9) 汞标准贮备液(c_{Hg}=100mg/L):购买市售有证标准物质,或称取 0.135 4g 于硅胶干燥器中放置过夜的氯化汞($HgCl_2$,优级纯),用少量汞标准固定液溶解后移入 1000mL 容量瓶中,用汞标准固定液稀释至标线,混匀。贮存于玻璃瓶中,4℃下可存放 2 年。

(10) 汞标准中间液(c_{Hg}=1mg/L):移取 5mL 汞标准贮备液于 500mL 容量瓶中,加入 50mL(1+1)盐酸溶液,用汞标准固定液稀释至标线,混匀。贮存于玻璃瓶中,4℃下可存放 100d。

(11) 汞标准使用液(c_{Hg}=10μg/L):量取 5mL 汞标准中间液于 500mL 容量瓶中,

加入50mL(1+1)盐酸溶液,用水稀释至标线,混匀。贮存于玻璃瓶中。临用现配。

五、实验步骤

1. 样品的采集与制备

(1) 样品采集参照《地表水和污水监测技术规范》(HJ/T 91—2002)和《地下水环境监测技术规范》(HJ/T 164—2004)的相关规定执行,溶解态样品和总量样品分别采集。样品保存参照《水质 样品的保存和管理技术规定》(HJ 493—2009)。

(2) 溶解态汞样品:采集后尽快用0.45μm滤膜过滤,弃去初始滤液50mL,用少量滤液清洗采样瓶后,再收集滤液于采样瓶中。如水样为中性,按每升水样中加入5mL浓盐酸的比例加入盐酸。

(3) 汞总量样品:除样品采集后不经过滤外,其他的处理方法和保存方法同上。

(4) 试样的制备:量取5mL混匀后的样品于10mL比色管中,加入1mL盐酸-硝酸溶液,加塞混匀,置于沸水浴中加热消解1h,期间摇动1~2次并开盖放气。冷却,用水定容至标线,混匀,待测。

(5) 空白试样:以水代替样品,按照上述步骤制备空白试样。

2. 标准曲线的绘制

校准标准系列配制:分别移取0mL、1mL、2mL、5mL、7mL、10mL汞标准使用液于100mL容量瓶中,其对应质量浓度分别为0μg/L、0.1μg/L、0.2μg/L、0.5μg/L、0.7μg/L、1μg/L。再分别加入10mL盐酸-硝酸溶液,用水稀释至标线,混匀。

参考表2-7的测量条件或采用自行确定的最佳测量条件,以(5+95)盐酸溶液为载流,硼氢化钾溶液为还原剂,按照浓度由低到高的顺序依次测定汞标准系列的原子荧光强度。以原子荧光强度为纵坐标、汞质量浓度为横坐标,绘制标准曲线。

表2-7 参考测量条件

元素	负高压/V	灯电流/mA	原子化器预热温度/℃	载气流量/(mL·min^{-1})	屏蔽气流量/(mL·min^{-1})	积分方式
Hg	240~280	15~30	200	400	900~1000	峰面积

3. 试样的测定

按照与测定汞标准系列相同的条件测定试样的原子荧光强度。超过标准曲线高浓度点的样品,对其用消解液稀释后再进行测定,稀释倍数为f。

4. 空白试验

按照与测定标准系列相同的步骤测定空白试样。

六、数据记录与处理

（1）样品中汞的质量浓度 c 计算式为

$$c = \frac{c_r \times f \times V_1}{V}$$

式中：c 表示样品中汞的质量浓度（μg/L）；c_r 表示在标准曲线上查得的试样中汞的质量浓度（μg/L）；f 表示试样稀释倍数；V_1 表示分取后测定试样的定容体积（mL）；V 表示分取试样的体积（mL）。

当汞的测定结果小于 1μg/L 时，保留至小数点后两位；当测定结果大于 1μg/L 时，保留三位有效数字。

（2）质量保证与质量控制。

① 每测定 20 个样品要增加测定实验室空白 1 个，当不满 20 个样品时要测定实验室空白 2 个。所有空白的测试结果应小于方法检出限。

② 每次样品分析都应绘制标准曲线。标准曲线的相关系数应不小于 0.995。

③ 每测完 20 个样品进行一次标准曲线零点和中间点浓度的核查，测试结果的相对偏差应不大于 20%。

④ 每批样品至少测定 10% 的平行双样，样品数小于 10 时，至少测定 1 个平行双样。测试结果的相对偏差应不大于 20%。

⑤ 每批样品至少测定 10% 的加标样，样品数小于 10 时，至少测定 1 个加标样。加标回收率控制在 70%～130% 之间。

七、注意事项

（1）硼氢化钾是强还原剂，极易与空气中的氧气和二氧化碳反应，在中性和酸性溶液中易分解产生氢气，因此配制硼氢化钾溶液时，要将硼氢化钾固体溶解在氢氧化钠溶液中。临用现配。

（2）实验室所用的玻璃器皿均须用（1+1）硝酸溶液浸泡 24h，或用热硝酸荡洗。清洗时依次用自来水、去离子水洗净。

八、思考题

（1）若测定的空白值偏高或样品测定值偏高，可能是哪些原因造成的？

（2）用原子荧光光谱法测定不同重金属元素的过程有何区别？

第三章　土壤监测实验

实验一　土壤 pH 值的测定

一、实验目的

(1) 了解土壤 pH 值的含义。
(2) 掌握酸度计测定土样 pH 值的原理及方法。

二、实验原理

采用电位法测定土壤悬浊液 pH 值,以通用型 pH 玻璃电极为指示电极,甘汞电极为参比电极。这两个电极插入待测液时构成电池反应,其间产生电位差,因参比电极的电位是固定的,故此电位差的大小取决于待测液的 H^+ 活度或活度的负对数——pH 值。因此可用电位计测定电动势,再换算成 pH 值。一般用酸度计可直接测得 pH 值。

三、实验仪器和设备

(1) pH 测量仪:精度为 0.01 个 pH 单位,具有温度补偿功能,pH 值测定范围为 0~14。
(2) 电极:分体式 pH 电极或复合 pH 电极。
(3) 烘箱。
(4) 一般实验室常用的玻璃器皿和设备。

四、实验试剂

本实验所用试剂除另有说明外,均应使用符合国家标准或专业标准的分析试剂。本实验所用的水为去离子水。

(1) 氯化钾溶液($c_{KCl}=1mol/L$):称取 74.6g 氯化钾溶于 400mL 蒸馏水中,用 10% 氢氧化钾或氯化钾溶液调节 pH 值至 5.5~6.0,而后稀释至 1L。
(2) 标准缓冲溶液。

① pH 值为 4.03 的缓冲溶液：称取在 105℃烘 2～3h 的苯二甲酸氢钾（$C_8H_5KO_4$）10.21g，用蒸馏水溶解稀释至 1L。

② pH 值为 6.86 的缓冲溶液：称取在 105℃烘 2～3h 的磷酸二氢钾（KH_2PO_4）4.539g 或二水合磷酸二氢钠（$Na_2HPO_4 \cdot 2H_2O$）5.938g，溶解于蒸馏水中定容至 1L。

五、实验步骤

称取两份 10g 可通过 1mm 筛孔的风干土，各放在 50mL 的烧杯中，一份加 25mL 无二氧化碳蒸馏水，另一份加 25mL 1mol/L 氯化钾溶液（此时土水比为 1:2.5，含有机质的土壤可为 1:5），间歇搅拌或摇动 30min，放置 30min 后用 pH 测量仪测定 pH 值。

六、数据记录与处理

记录测定的水样 pH 值，测定结果保留至小数点后一位，并注明样品测定时的温度。当测量结果超出测量范围（0～14）时，以"强酸，超出测量范围"或"强碱，超出测量范围"报出。

七、注意事项

（1）土水比的影响：一般土壤悬浊液愈稀，测得的 pH 值愈高，碱性土的稀释效应较大。为了便于比较，测定 pH 值时的土水比应当固定。经试验，采用 1:1 的土水比，碱性土和酸性土均能得到较好的结果，酸性土采用 1:5 和 1:1 的土水比所测得的结果基本相似。碱性土建议采用 1:1 或 1:2.5 土水比进行测定。

（2）蒸馏水中 CO_2 会使测得的土壤 pH 值偏低，故应尽量除去，以避免干扰。

（3）待测土样不宜磨得过细，宜用通过 1mm 筛孔的土样测定 pH 值。

（4）玻璃电极不用来测油液，在使用前应于 0.1mol/L 氯化钠溶液或蒸馏水中浸泡 24h 以上。

（5）甘汞电极一般为氯化钾饱和溶液灌注，如果发现电极内已无氯化钾结晶，应从侧面投入一些氯化钾结晶体，以保持溶液的饱和状态。不使用时，电极可放在氯化钾饱和溶液或纸盒中保存。

八、思考题

（1）土壤 pH 值的变化受什么影响？

（2）待测土壤研磨过细或过粗会对 pH 值的测定带来什么影响？

实验二 土壤水分的测定

一、实验目的

（1）为了解田间土壤的实际含水状况，以便及时进行灌溉、保墒或排水，保证作物的正常生长；或者联系作物的长相、长势及耕栽培措施，以总结丰产的水肥条件。

（2）测定风干土样的水分，为各项分析结果计算的基础。

二、实验原理

土壤样品在(105±2)℃烘干至恒重时的失重，即为土壤样品所含水分的质量。本方法可用于测定除石膏性土壤和有机土（含有机质20%以上的土壤）以外的各类土壤的水分含量。

三、实验仪器和材料

（1）土钻、土壤筛（孔径为1mm）、铝盒、万分位电子天平、烘箱。

（2）实验室常用的玻璃器皿。

四、实验步骤

（1）制备风干土样：选取具有代表性的风干土壤样品，压碎，并通过1mm的土壤筛，混合均匀备用。

（2）制备新鲜土样：在田间用土钻取有代表性的新鲜土样，刮去土钻中的上部浮土，取土钻中部所需深度处的土壤约20g，捏碎后迅速装入已知准确质量的大型铝盒内，盖紧，装入木箱或其他容器，带回室内。将铝盒外表擦拭干净，立即称重，尽早测定水分含量。

（3）测定风干土样的水分：将铝盒在105℃恒温烘箱中烘烤约2h，移入干燥器内冷却至室温，称重，称量结果精确至0.001g。用角勺将风干土样拌匀，舀取约5g，均匀地平铺在铝盒中，盖好，称重，称量结果精确至0.001g。将铝盒盖揭开，放在盒底下，置于已预热至(105±2)℃的烘箱中烘烤6h。取出，盖好，移入干燥器内冷却至室温（约需20min），立即称重。风干土样水分的测定应做两份平行测定。

（4）测定新鲜土样的水分：将盛有新鲜土样的大型铝盒放在分析天平上称重，称量结果精确至0.01g。揭开盒盖，放在盒底下，置于已预热至(105±2)℃的烘箱中烘烤12h。取出，盖好，移入干燥器内冷却至室温（约需30min），立即称重。新鲜土样水分的测定应做三份平行测定。

五、数据记录与处理

(1) 土壤水分计算公式：

$$\omega = \frac{m_1 - m_2}{m_1 - m_0} \times 100\%$$

式中：ω 表示土壤水分(%)；m_0 表示烘干空铝盒的质量(g)；m_1 表示烘干前铝盒及土样的质量(g)；m_2 表示烘干后铝盒及土样的质量(g)。

平行测定的结果用算术平均值表示，保留至小数点后一位。

(2) 平行测定结果的相差：水分含量小于5%的风干土样不得超过0.2%，水分含量为5%~25%的潮湿土样不得超过0.3%，水分含量大于15%的大粒(粒径约10mm)黏重潮湿土样不得超过0.7%(相当于相对相差不大于5%)。

六、注意事项

在黏粒或有机质含量多的土壤中，烘箱中的水分散失量随烘箱温度的升高而增大，因此烘箱温度必须保持在100~110℃范围内。

烘干法的优点是简单、直观；缺点是采样会干扰田间土壤水的连续性，甚至会切断作物的某些根并影响土壤水的运动，且代表性差。田间取样的变异系数为10%或更大，造成这么大的变异，主要是由于土壤水在田间分布的不均匀，导致土壤水在田间分布不均匀的因素有土壤质地、结构，以及不同作物根系的吸水作用和根冠对降雨的截留等。避免取样误差和少受采样的变异影响的最好方法是按土壤基质特征如土壤质地和土壤结构分层取样，而不是按固定间隔采样。

七、思考题

土壤水分测定采用烘干法，该方法有什么优缺点？请举例说明。

实验三　土壤水溶性盐总量的测定

一、实验目的

(1) 理解并掌握土壤水溶性盐的含义。
(2) 熟练掌握土壤水溶性盐的测定方法和原理。

二、实验原理

先将土壤样品与水按一定的水土比例(5:1)混合，经过一定时间(3min)的振荡后，将土壤中可溶性盐分提取到溶液中,然后将水土混合液进行过滤,滤液可作为土壤可溶盐分测定的待测液。吸取一定量的待测液,经蒸干后,称得的质量即为烘干残渣总量(此数值一般接近或略高于盐分总量)。将此烘干残渣总量用过氧化氢去除有机质后,再称其质量即得可溶盐分总量。

三、实验仪器和材料

万分位电子天平、恒温水浴装置、烘箱、漏斗、锥形瓶、筛孔 2mm 的标准筛、移液管、吸耳球、玻璃棒、瓷蒸发皿、滤纸、抽气瓶、真空泵。

四、实验步骤

(1) 称取 50g(精确到 0.01g)通过 2mm 筛孔的风干土壤样品 50g,放入 500mL 大口塑料瓶中,加入 250mL 无二氧化碳蒸馏水。

(2) 将塑料瓶用橡皮塞塞紧后在振荡机上振荡 3min。

(3) 振荡后立即抽气过滤,弃去开始滤出的 10mL 滤液,以获得清亮的滤液,加塞备用。

(4) 吸取待测清液 20~50mL(视含盐量而定,所取液体体积中含盐 50~200mg 为宜),放入已知烘干质量的瓷蒸发皿中。将瓷蒸发皿放在水浴装置上蒸干(亦可用砂浴)。近干时,如发现有黄褐色物质,应滴加过氧化氢溶液氧化至白色。

(5) 用滤纸片擦干瓷蒸发皿外部,放入 100~105℃烘箱中烘干 4h,然后移至干燥器中冷却,用万分位电子天平称重(一般冷却 30min)。

(6) 将称好后的样品继续放入烘箱中烘 2h 后再称重,直至恒重(即二次质量相差小于 0.000 3g),即得烘干残渣。

五、数据记录与处理

土壤水溶性盐总量:

$$W = \frac{(M_1 - M_0) \times D \times 1000}{M}$$

式中:W 表示土壤水溶性盐总量(g/kg);M 表示称取风干试样质量(g),本实验为 50g;M_1 表示蒸发皿和盐的烘干质量(g);M_0 表示蒸发皿的烘干质量(g);1000 表示换算成千克含量;D 表示分取倍数,250/(20~50)。

平行测定结果以算术平均值表示,保留至小数点后一位。

六、注意事项

(1) 水土比例的大小直接影响土壤可溶性盐分的提取,因此提取的水土比例不要随便更改，否则分析结果无法对比。通常采用的水土比例为5:1。

（2）土壤可溶盐分浸提时间：经试验证明，水土作用2min后，即可使土壤中可溶性的氯化盐、碳酸盐与硫酸盐等全部溶入水中，如果延长作用时间，将有硫酸钙和碳酸钙等进入溶液。因此，建议采用振荡3min立即过滤的方法，振荡和放置时间越长，对可溶盐的分析结果误差也越大。

（3）空气中的二氧化碳以及蒸馏水中溶解的二氧化碳，都会影响碳酸钙、碳酸镁和硫酸钙的溶解度，相应地影响着水浸出液的盐分数量。因此，必须使用无二氧化碳蒸馏水来提取样品。

（4）待测液不能放置过长时间（一般不得超过1d），否则，会影响钙、碳酸根和重碳酸根的测定。

（5）吸取待测液的数量应依盐分的多少而定，如果含盐量>0.5%则吸取25mL，含盐量<0.5%则吸取50mL或100mL。保持盐分含量在0.02~0.2g之间，过多会因某些盐类吸水，不易称至恒重，过少则误差太大。

（6）蒸干时的温度不能过高，否则会因沸腾使溶液遭到损失，特别是当接近蒸干时，更应注意。在水浴装置上蒸干可避免这种现象。

（7）因可溶性盐分组成比较复杂，在105~110℃烘干后，由于钙、镁的氯化物吸湿水解，以及钙镁的硫酸盐中仍含结晶水，因此不能得出较正确的结果。如遇此种情况，可加入10mL 2%~4%的碳酸钠溶液，以便在蒸干过程中，使钙、镁的氯化物及硫酸盐都转变为碳酸盐及氯化钠硫酸钠等，这样蒸干后在150~180℃下烘干2~3h即可称至恒重。所加入的碳酸钠量应从盐分总量中减去。

（8）由于盐分在空气中容易吸水，故应在相同的时间和条件下冷却、称重。

七、思考题

若发现黄褐色物质，为什么要滴加过氧化氢溶液氧化至白色，发生了什么反应？

实验四　土壤总磷的测定（碱熔-钼锑抗分光光度法）

一、实验目的

(1) 理解并掌握土壤总磷的含义。
(2) 掌握土壤总磷的测定原理与方法。

二、实验原理

经氢氧化钠熔融，土壤样品中的含磷矿物及有机磷化合物全部转化为可溶性的正磷酸盐,在酸性条件下与钼锑抗显色剂反应生成磷钼蓝,可在波长700nm处测量其吸光度。在一定浓度范围内,样品中的总磷含量与吸光度值符合朗伯-比尔定律。当试样量为0.250 0g,采用30mm比色皿时,本方法的检出限为10.0mg/kg,测定下限为40.0mg/kg。

三、实验仪器与材料

(1) 紫外可见分光光度计。

(2) 马弗炉(图3-1)。

(3) 离心机(图3-2):2500～3500r/min,配有50mL离心杯。

(4) 镍坩埚:容量大于30mL。

(5) 万分位电子天平。

(6) 样品粉碎设备:土壤粉碎机(或球磨机)。

(7) 土壤筛:孔径为1mm、0.149mm(100目)。

(8) 具塞比色管:50mL。

(9) 一般实验室常用的其他玻璃器皿和设备。

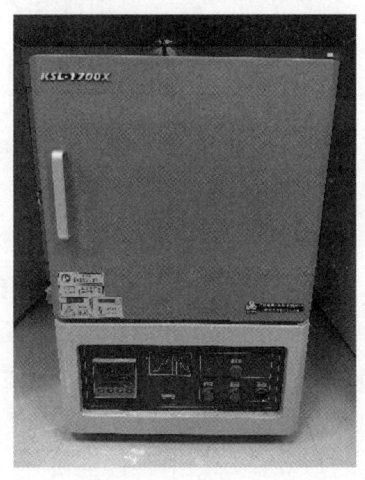

图3-1 马弗炉

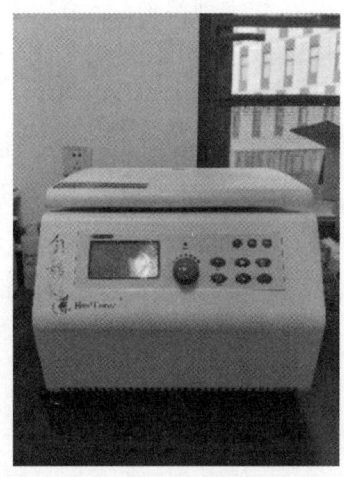

图3-2 离心机

四、实验试剂

除非另有说明,分析时均使用符合国家标准的分析纯化学试剂。本实验用水为新制备的去离子水或蒸馏水,电导率(25℃)≤5.0μS/cm。

(1) 浓硫酸:$\rho=1.84$g/mL。

(2) 氢氧化钠:颗粒状,优级纯。

(3) 无水乙醇:$\rho=0.79$g/mL。

(4) 浓硝酸:$\rho=1.51$g/mL。

(5) 磷酸二氢钾：优级纯。取适量磷酸二氢钾（KH_2PO_4）于称量瓶中，在110℃下烘干2h，置于干燥器中放冷，备用。

(6) 硫酸溶液（$c=3mol/L$）：量取800mL水，在不断搅拌下缓慢加入168mL浓硫酸，待溶液冷却后加水至1000mL，混匀。

(7) 硫酸溶液（$c=0.5mol/L$）：量取于800mL水，在不断搅拌下缓慢加入28mL浓硫酸，待溶液冷却后加水至1000mL，混匀。

(8) （1+1）硫酸溶液。

(9) 氢氧化钠溶液（$c=2mol/L$）：称取20g氢氧化钠，溶解于200mL水中，待溶液冷却后加水至250mL，混匀。

(10) 抗坏血酸溶液（$c=0.1g/mL$）：称取10g抗坏血酸溶于适量水中，溶解后加水至100mL，混匀。该溶液贮存在棕色玻璃瓶中，在约4℃可稳定2周。如颜色变黄，则弃去重配。

(11) 钼酸铵溶液（$c=0.13g/mL$）：称取13g钼酸铵[$(NH_4)_6Mo_7O_{24} \cdot 4H_2O$]溶于适量水中，溶解后加水至100mL，混匀。

(12) 酒石酸锑钾溶液（$c=0.0035g/mL$）：称取0.35g酒石酸锑氧钾（$KSbC_4H_4O_7 \cdot 1/2H_2O$）溶于适量水中，溶解后加水至100mL，混匀。

(13) 钼酸盐溶液：在不断搅拌下，将100mL钼酸铵溶液缓慢加入至已冷却的300mL（1+1）硫酸溶液中，再加入100mL酒石酸锑氧钾溶液，混匀。该溶液贮存在棕色玻璃瓶中，于4℃下可以稳定2个月。

(14) 磷标准贮备液（$c=50.0mg/L$，以P计）：称取0.2197g磷酸二氢钾溶于适量水中，溶解后移入1000mL容量瓶，再加入5mL（1+1）硫酸溶液，加水至标线，混匀。该溶液贮存在棕色玻璃瓶中，于4℃下可稳定6个月。

(15) 磷标准工作溶液（$c=5.00mg/L$，以P计）：量取25mL磷标准贮备液于250mL容量瓶中，加水至标线，混匀。该溶液临用现配。

(16) 2,4-二硝基酚（或2,6-二硝基酚）指示剂（$c=0.002g/mL$）：称取0.2g 2,4-二硝基酚（或2,6-二硝基酚）溶于适量水中，溶解后加水至100mL，混匀。

五、实验步骤

1. 样品的采集与制备

(1) 参照《土壤环境监测技术规范》（HJ/T 166—2004）的相关规定进行土壤样品的采集和保存。

(2) 将采集好的样品置于风干盘中，摊成厚度为2~3cm的薄层，适时地压碎、翻动，拣出碎石、砂砾、植物残体。用木棒碾压，然后去杂物，粉碎，充分混匀，通过1mm

土壤筛,再将土样在牛皮纸上铺成薄层,划分成四分法小方格。用小勺在每个方格中取出等量土样(总量大于 20g),在土壤粉碎机(或球磨机)中进行研磨,使其全部通过 0.149mm(100 目)土壤筛,混匀后装入磨口瓶中,备用。

(3) 准确称取适量风干土壤样品,参照《土壤 干物质和水分的测定 重量法》(HJ 613—2011)的相关规定测定干物质的含量。

(4) 先称取 0.250 0g 试样于镍坩埚底部,用几滴无水乙醇湿润样品,再加入 2g 氢氧化钠平铺于样品的表面,将样品覆盖,盖上坩埚盖,将坩埚放入马弗炉中升温,当温度升至 400℃左右时,保持 15min,然后继续升温至 640℃,保持 15min,取出冷却。向坩埚中加入 10mL 水加热至 80℃,待熔块溶解后,将坩埚内的溶液全部转入 50mL 离心杯中,接着用 10mL 3mol/L 硫酸溶液分 3 次洗涤坩埚,洗涤液转入离心杯中,再用适量水洗涤坩埚 3 次,将洗涤液全部转入离心杯中,以 2500～3500r/min 离心分离 10min,静置后将上清液全部转入 100mL 容量瓶中,用水定容至标线,待测。

2. 标准曲线的绘制

分别量取 0mL、0.5mL、1mL、2mL、4mL、5mL 磷标准工作溶液于 6 支 50mL 具塞比色管中,加水至标线,标准系列中的磷含量分别为 0μg、2.5μg、5μg、10μg、20μg、25μg。然后分别向比色管中加入 2~3 滴指示剂,再用 0.5mol/L 硫酸溶液和 2mol/L 氢氧化钠溶液调节 pH 值至 4.4 左右,使溶液刚呈微黄色,再加入 1mL 抗坏血酸溶液,混匀。30s 后加入 2mL 钼酸盐溶液,充分混匀,于 20~30℃下放置 15min。用 30mm 比色皿,于 700nm 波长处,以水为参比,测量吸光度。以测量的吸光度为纵坐标、对应的磷含量(μg)为横坐标,绘制标准曲线。

3. 土样的测定

取 10mL(或根据样品浓度确定量取体积)土样于 50mL 具塞比色管中,加水至刻度。然后按照与绘制标准曲线时相同的操作步骤进行显色和测量。

4. 空白试样的测定

不加入土壤试样,按照与制备和测量试料相同的操作步骤,进行显色和测量。

六、数据记录与处理

(1) 土壤中总磷的含量 ω(mg/kg)计算式为

$$\omega = \frac{[(A-A_0)-a] \times V_1}{b \times m \times w_{dm} \times V_2}$$

式中:ω 表示土壤中总磷的含量(mg/kg);A 表示试料的吸光度值;A_0 表示空白试验的

吸光度值；a 表示标准曲线的截距；V_1 表示试样的定容体积(mL)；b 表示标准曲线的斜率；m 表示试样量(g)；V_2 表示试料体积(mL)；w_{dm} 表示土壤干物质的含量(质量分数，%)。

测量结果保留三位有效数字。

（2）质量保证和质量控制。

① 每批样品应做空白试验，其测定结果应低于方法检出限。

② 每批样品应至少测定10%的平行双样，样品数量少于10个时，应至少测定1个平行双样。2个测定结果的相对偏差应不超过15%。

③ 每批样品应带1个中间校核点，中间校核点测定值与标准曲线相应点浓度的相对误差应不超过10%。

④ 测定每批样品时，应分析1个有证标准物质，其测定值应在保证值范围内。

⑤ 标准曲线的相关系数应不小于0.999 5。

⑥ 每批样品应至少测定10%的加标样品，样品数量少于10个时，应至少测定1个加标样品。加标回收率应在80%～120%之间。

七、注意事项

处理大样样品时，应将加入氢氧化钠后的坩埚暂放入干燥箱中防潮。

八、思考题

在用该方法测定土壤总磷的过程中，有哪些可能的干扰因素？如何消除或校正这些干扰对结果的影响？

实验五　土壤氨氮的测定（氯化钾溶液提取分光光度法）

一、实验目的

（1）理解土壤氨氮的含义。

（2）理解并掌握土壤氨氮的测定原理与方法。

二、实验原理

利用氯化钾溶液提取土壤中的氨氮。在碱性条件下，提取液中的氨离子在有次氯酸根离子存在时与苯酚反应生成蓝色靛酚染料，在630 nm 波长具有最大的吸收。在一定浓度范围内，氨氮浓度与吸光度值符合朗伯-比尔定律。当样品质量为40 g 时，本方法测定土壤中氨氮的检出限为0.10 mg/kg，测定下限为0.40 mg/kg。

三、实验仪器与材料

(1) 紫外可见分光光度计。

(2) pH 测量仪。

(3) 恒温水浴振荡器：振荡频率可达 40 次/min。

(4) 离心机：转速可达 3000r/min，具 100mL 聚乙烯离心管。

(5) 万分位电子天平。

(6) 聚乙烯瓶：500mL，具螺旋盖。也可采用既不吸收也不向溶液中释放所测组分的其他容器。

(7) 具塞比色管：20mL、50mL、100mL。

(8) 样品筛：孔径为 5mm。

(9) 一般实验室常用的玻璃器皿和材料。

四、实验试剂

除非另有注明，分析时均使用符合国家标准的分析纯试剂，实验用水为电导率小于 0.2mS/m（25℃时测定）的去离子水。

(1) 浓硫酸：$\rho=1.84$g/mL。

(2) 二水柠檬酸钠（$C_6H_5Na_3O_7 \cdot 2H_2O$）。

(3) 氢氧化钠（NaOH）。

(4) 二氯异氰尿酸钠（$C_3Cl_2N_3NaO_3$）。

(5) 氯化钾（KCl）：优级纯。

(6) 氯化铵（NH_4Cl）：优级纯，于 105℃下烘干 2h。

(7) 氯化钾溶液（$c=1$mol/L）：称取 74.55g 氯化钾，用适量水溶解，移入 1000mL 容量瓶中，用水定容，混匀。

(8) 氯化铵标准贮备液（$c=200$mg/L）：称取 0.764g 氯化铵，用适量水溶解，加入 0.3mL 浓硫酸，冷却后，移入 1000mL 容量瓶中，用水定容，混匀。该溶液在避光、4℃下可保存 1 个月。或直接购买市售有证标准溶液。

(9) 氯化铵标准使用液（$c=10$mg/L）：量取 5mL 氯化铵标准贮备液于 100mL 容量瓶中，用水定容，混匀。临用现配。

(10) 苯酚溶液：称取 70g 苯酚（C_6H_5OH）溶于 1000mL 水中。该溶液贮存于棕色玻璃瓶中，在室温条件下可保存 1 年（配制苯酚溶液时应避免接触皮肤和衣物）。

(11) 二水硝普酸钠溶液：称取 0.8g 二水硝普酸钠$\{Na_2[Fe(CN)_5NO] \cdot 2H_2O\}$溶于 1000mL 水中。该溶液贮存于棕色玻璃瓶中，在室温条件下可保存 3 个月。

(12) 缓冲溶液：称取 280g 二水柠檬酸钠及 22g 氢氧化钠，溶于 500mL 水中，移入

1000mL 容量瓶中,用水定容,混匀。

(13) 硝普酸钠-苯酚显色剂:量取 15mL 二水硝普酸钠溶液、15mL 苯酚溶液和 750mL 水,混匀。该溶液用时现配。

(14) 二氯异氰尿酸钠显色剂:称取 5.0g 二氯异氰尿酸钠溶于 1000mL 缓冲溶液中,4℃下可保存 1 个月。

五、实验步骤

1. 样品的采集与制备

(1) 样品的采集:按照 HJ/T 166—2004 的相关规定采集样品。

(2) 样品的保存:样品采集后应于 4℃下运输和保存,并在 3d 内分析完毕。否则,应于 −20℃(深度冷冻)下保存,样品中氨氮可以保存数周。当测定深度冷冻的氨氮含量时,应控制解冻的温度和时间。室温环境下解冻时,须在 4h 内完成样品解冻、匀质化和提取;如果在 4℃下解冻,解冻时间不应超过 48h。

(3) 试样的制备:将采集后的土壤样品去除杂物,手工或利用仪器混匀,过样品筛。在进行手工混合时应戴橡胶手套。过筛后将样品分成两份:一份用于测定干物质含量,测定方法参见 HJ 613—2011;另一份用于测定待测组分含量。

(4) 试料的制备:称取上述试样 40g,放入 500mL 聚乙烯瓶中,加入 200mL 浓度为 1mol/L 氯化钾溶液,在(20±2)℃的恒温水浴振荡器中振荡提取 1h。转移约 60mL 提取液于 100mL 聚乙烯离心管中,在 3000 r/min 的条件下离心分离 10min。然后将约 50mL 上清液转移至 100mL 比色管中,制得试料,待测。

(5) 空白试料的制备:不加入土壤试样,取 200mL 氯化钾溶液于 500mL 聚乙烯瓶中,按照与试料制备相同的步骤制备空白试料。

2. 标准曲线的绘制

分别量取 0mL、0.mL、0.2mL、0.5mL、1mL、2mL、3.5mL 氯化铵标准使用液于一组 100mL 具塞比色管中,加水至 10mL 制备标准系列。氨氮含量分别为 0μg、1μg、2μg、5μg、10μg、20μg、35μg。

向标准系列中加入 40mL 硝普酸钠-苯酚显色剂,充分混合,静置 15min。然后分别加入 1mL 二氯异氰尿酸钠显色剂,充分混合,在 15~35℃条件下至少静置 5h。于 630nm 波长处,以水为参比,测量吸光度。以扣除空白试样的校正吸光度为纵坐标、氨氮含量(μg)为横坐标,绘制标准曲线。

3.测定

(1) 土样测试:量取 10mL 试料至 100mL 具塞比色管中,按照绘制标准曲线时的比色步骤测量吸光度。

(2) 空白试验:量取 10mL 空白试料至 100mL 具塞比色管中,按照绘制标准曲线时的比色步骤测量吸光度。

六、数据记录与处理

(1) 样品中的氨氮含量计算式为

$$\omega = \frac{m_1 - m_0}{V} \times f \times R$$

式中:ω 表示样品中氨氮的含量(mg/kg);m_1 表示从标准曲线上查得的试料中氨氮的含量(μg);m_0 表示从标准曲线上查得的空白试料中氨氮的含量(μg);V 表示测定时的试料体积(mL);f 表示试料的稀释倍数;R 表示试样的体积(包括提取液体积与土壤中水分的体积)与干土的比例系数(mL/g)。

试样体积与干土的比例系数 R(mg/kg)按照下式进行计算:

$$R = \frac{[V_{ES} + m_s \times (1 - w_{dm})/d_{H_2O}]}{m_s \times w_{dm}}$$

式中:V_{ES} 表示提取液的体积(mL);m_s 表示试样的质量(g);d_{H_2O} 表示水的密度(1.0g/mL);w_{dm} 表示土壤中的干物质含量(%)。

(2) 质量保证和质量控制。

① 每批样品至少做 1 个空白试验,测试结果应低于方法检出限。

② 每批样品应测定 10% 的平行样品。平行双样测定结果 >10mg/kg 时,相对偏差应在 10% 以内,平行双样测定结果 ≤10mg/kg 时,相对偏差应在 20% 以内。

③ 每批样品应测定 10% 的加标样品。氨氮加标回收率应在 80%～120% 之间;亚硝酸盐氮加标回收率应在 70%～120% 之间;硝酸盐氮加标回收率应在 80%～120% 之间。

④ 标准曲线相关系数应 ≥0.999。

⑤ 每批样品应分析 1 个标准曲线的中间点浓度标准溶液,其测定结果与标准曲线该点浓度的相对偏差应 ≤10%。否则,须重新绘制标准曲线。

七、注意事项

(1) 为了缩短样品的解冻时间,应在样品冷冻前,将其敲碎成小颗粒状。

(2) 试料需要在 1d 之内分析完毕,否则应在 4℃ 下保存,保存时间不超过 1 周。

(3) 制备试料时，提取液也可以在4℃下，以静置4h的方式代替离心分离。

(4) 测定时当试料中氨氮浓度超过标准曲线的最高点时，应用1mol/L氯化钾溶液稀释试料，重新测定。

八、思考题

(1) 若测定的平行样之间误差较大，有哪些可能的原因？

(2) 若测定的氨氮值过大，可能的原因有哪些，该如何解决？

实验六 土壤有效磷的测定
（碳酸氢钠浸提钼锑抗分光光度法）

一、实验目的

(1) 理解土壤有效磷的含义。

(2) 熟练掌握土壤有效磷的测定原理与方法。

二、实验原理

土壤有效磷（A-P），也称为速效磷，是在植物生长期内能够被植物根系吸收的土壤磷，即在本方法规定的条件下浸提出来的土壤溶液中的磷、弱吸附态磷、交换性磷和易溶性固体磷酸盐等。

用0.5mol/L碳酸氢钠溶液（pH=8.5）浸提土壤中的有效磷。浸提液中的磷与钼锑抗显色剂反应生成磷钼蓝，在波长880nm处测量吸光度。在一定浓度范围内，磷的含量与吸光度值符合朗伯-比尔定律。

本方法适用于石灰性和中性土壤中有效磷的测定。当取样量为2.5g，使用50mL碳酸氢钠溶液浸提，采用10mm比色皿时，本方法检出限为0.5mg/kg，测定下限为2.0mg/kg。

三、实验仪器与材料

实验中的玻璃器皿须先用无磷洗涤剂洗净，再用(1+5)硝酸溶液浸泡24h，使用前再依次用自来水和去离子水洗净。

(1) 紫外可见分光光度计。

(2) 恒温往复振荡器（图3-3）：转速可控制在150～250r/min之间。

(3) 土壤样品粉碎设备：粉碎机、玛瑙研钵。

(4) 万分位电子天平。

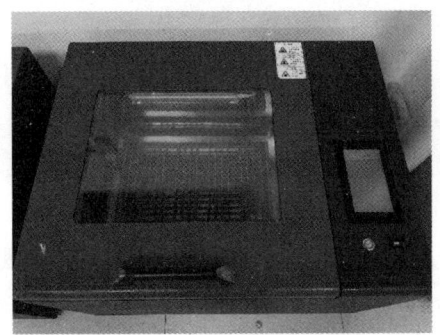

图 3-3 恒温往复振荡器

(5) 土壤筛:孔径为 1mm 或 20 目的尼龙筛。

(6) 具塞锥形瓶:150mL。

(7) 一般实验室常用的其他仪器和设备。

(8) 滤纸:经检验不含磷的滤纸。

四、实验试剂

除非另有说明,分析时均使用符合国家标准的分析纯化学试剂。本实验用水为新制备的去离子水或蒸馏水。

(1) 浓硫酸:$\rho=1.84\text{g/mL}$。

(2) 浓硝酸:$\rho=1.51\text{g/mL}$。

(3) 冰乙酸($C_2H_4O_2$):$\rho=1.049\text{g/mL}$。

(4) 磷酸二氢钾(KH_2PO_4,优级纯):取适量磷酸二氢钾于称量瓶中,置于 105℃烘干 2h,在干燥箱内冷却,备用。

(5) 氢氧化钠溶液($\omega_{NaOH}=10\%$):称取 10g 氢氧化钠溶于水中,用水稀释至 100mL,贮于聚乙烯瓶中。

(6) 硫酸溶液($c_{1/2\,H_2SO_4}=2\text{mol/L}$):于 800mL 水中,在不断搅拌下缓慢加入 55mL 硫酸,待溶液冷却后,加水至 1000mL,混匀。

(7) (1+5)硝酸溶液:用浓硝酸配制。

(8) 浸提剂($c_{NaHCO_3}=0.5\text{mol/L}$):称取 42g 碳酸氢钠溶于约 800mL 水中,加水稀释至约 990mL,用 10% 氢氧化钠溶液调节至 pH=8.5,加水定容至 1L,温度控制在 (25±1)℃。贮存于聚乙烯瓶中,该溶液应在 4h 内使用。

(9) 酒石酸锑钾溶液($c=5\text{g/L}$):称取 0.5g 酒石酸锑钾($KSbC_4H_4O_7 \cdot 1/2H_2O$)溶于 100mL 水中。

(10) 钼酸盐溶液:量取 10g 钼酸铵溶于 300mL 约 60℃ 的水中,冷却。取 153mL 浓硫酸缓慢注入约 400mL 水中,搅匀,冷却。然后将该硫酸溶液缓慢注入钼酸铵溶液中,搅匀,再加入100mL酒石酸锑钾溶液,最后用水定容至1L。该溶液中10g/L钼酸铵和硫酸为2.75mol/L。该溶液贮存于棕色瓶中,可保存1年。

(11) 抗坏血酸溶液($\omega_{C_6H_8O_6}=10\%$):称取10g抗坏血酸溶于水中,加入0.2g乙二胺四乙酸二钠和8mL冰乙酸,加水定容至100mL。该溶液贮存于棕色试剂瓶中,在4℃下可稳定3个月。如颜色变黄,则弃去重配。

(12) 磷标准贮备液($c_P=100$mg/L):称取0.439 4g磷酸二氢钾溶于约200mL水中,加入5mL浓硫酸,然后移至1000mL容量瓶中,加水定容,混匀。该溶液贮存于棕色试剂瓶中,有效期为1年。或直接购买市售有证标准物质。

(13) 磷标准使用溶液($c_P=5$mg/L):量取5mL磷标准贮备液于100mL容量瓶中,用浸提剂稀释至刻度。临用现配。

(14) 指示剂[2,4-二硝基酚或2,6-二硝基酚($C_6H_4N_2O_5$),$\omega=0.2\%$]:称取0.2g 2,4-二硝基酚或2,6-二硝基酚溶于100mL水中。该溶液贮存于玻璃瓶中。

五、实验步骤

1. 样品的采集与制备

(1) 采集与保存:按HJ/T 166—2004的相关规定采集和保存土壤样品。

(2) 干物质含量的计算:准确称取适量试样,参照HJ 613—2011测定样品干物质的含量。

(3) 试样的制备:称取2.5g试样,置于干燥的150mL具塞锥形瓶中,加入50mL浸提剂,塞紧,置于恒温往复振荡器上,在(25±1)℃下以180～200r/min的振荡频率振荡(30±1)min后,立即用无磷滤纸过滤。滤液应当天分析。

2. 标准曲线的绘制

分别量取0mL、1mL、2mL、3mL、4mL、5mL、6mL磷标准使用液于7个50mL容量瓶中,用浸提剂加至10.0mL。分别加水至15～20mL,再加入1滴指示剂,然后逐滴加入2mol/L硫酸溶液调至溶液近无色,加入0.75mL抗坏血酸溶液,混匀,30s后加5mL钼酸盐溶液,用水定容至50mL,混匀。此标准系列中磷浓度依次为0mg/L、0.1mg/L、0.2mg/L、0.3mg/L、0.4mg/L、0.5mg/L、0.60mg/L。在上述操作过程中,会有CO_2气泡产生,应缓慢摇动容量瓶,勿使气泡溢出瓶口。

将上述容量瓶置于室温下放置30min(若室温低于20℃,可在25～30℃水浴中放置30min)。用10mm比色皿在880nm波长处,室温高于20℃的环境条件下比色,以去离子水为参比,分别测量吸光度。以扣除空白试剂的吸光度为纵坐标、对应的磷浓度(mg/L)为横坐标,绘制标准曲线。

3. 测定

(1) 土样测定：量取 10mL 制备的试样于干燥的 50mL 容量瓶中。然后按照与标准曲线绘制时相同的操作步骤进行显色和测量（试料中的含磷量较高时，可适当减少试料体积，用浸提剂稀释至 10.0mL）。

(2) 空白试验：不加入土壤试样，按照上述操作步骤进行显色和测量。

六、数据记录与处理

(1) 土壤样品中有效磷的含量计算式为

$$\omega = \frac{[(A-A_0)-a] \times V_1 \times 50}{b \times V_2 \times m \times w_{dm}}$$

式中：ω 表示土壤样品中有效磷的含量（mg/kg）；A 表示试料吸光度值；A_0 表示空白试剂的吸光度值；a 表示标准曲线的截距；V_1 表示试料体积（mL）；50 表示显色时定容体积（mL）；b 表示校正曲线的斜率；V_2 表示吸取试样的体积（mL）；m 表示试样量；w_{dm} 表示土壤的干物质含量（质量分数，%）。

测定结果小数位数与方法检出限保持一致，最多保留三位有效数字。

(2) 质量保证和质量控制。

① 标准曲线的相关系数应≥0.999。

② 每批样品应做 2 个空白试验，其测试结果应低于检测下限。

③ 每批样品应至少测定 10% 的平行双样，样品量少于 10 个时，应至少测定 1 个平行双样。平行样测定结果允许差应满足一定的要求。

④ 每批样品应分析 1 个有证标准物质，其测定值应在保证值范围内。

⑤ 每批样品都要绘制标准曲线。

七、注意事项

(1) 所有的采样仪器和设备、分析仪器和设备经处理后都应不含磷。实验中使用的玻璃器皿可用（1+5）盐酸溶液浸泡 2h，或用不含磷的洗涤剂清洗。比色皿用后应用稀硝酸或铬酸洗液浸泡片刻，以除去吸附的钼蓝有色物质。

(2) 由于浸提出来的有效磷受浸提液浓度、水土比例、振荡时间、温度等的影响，建议在可控制温度的实验室完成实验。

(3) 浸提剂温度须控制在（25±1）℃。具体控制时，最好有 1 小间恒温室，冬季除室温应维持在 25℃ 外，还须将去离子水事先加热至 26~27℃ 后再进行配制。

(4) 当浸提液中砷浓度大于 2mg/L 时，会有干扰，可用硫代硫酸钠除去；硫化钠浓度大于 2mg/L 时，会有干扰，在酸性条件下通氮气可以除去；六价铬浓度大于 50mg/L

时,会有干扰,用亚硫酸钠除去;铁浓度为20mg/L时,会使结果偏低5%。

八、思考题

(1) 本实验所用的方法为什么适用于石灰性或中性土壤有效磷的测定,若用此方法测定酸性或碱性土壤会产生哪些影响?

(2) 为什么浸提剂温度须控制在(25±1)℃,温度变化对结果会带来哪些影响?

实验七 土壤汞、砷、硒、铋、锑的测定
（微波消解原子荧光法）

一、实验目的

(1) 掌握土壤中汞、砷、硒、铋、锑的测定方法。
(2) 熟练掌握微波消解仪的原理与基本操作方法。

二、实验原理

样品经微波消解后,试液进入原子荧光光度计,在硼氢化钾溶液的还原作用下,生成砷化氢、铋化氢、锑化氢和硒化氢气体,汞被还原成原子态。在氩氢火焰中形成基态原子,在元素灯(汞、砷、硒、铋、锑)发射光的激发下产生原子荧光,原子荧光强度与试液中元素浓度成正比。当取样品量为0.5g时,本方法测定汞的检出限为0.002mg/kg,测定下限为0.008mg/kg;测定砷、硒、铋和锑的检出限为0.01mg/kg,测定下限为0.04mg/kg。

三、实验仪器与材料

(1) 具有温度控制和程序升温功能的微波消解仪(图3-4),温度精度可达±2.5℃。
(2) 原子荧光光度计:具汞、砷、硒、铋、锑的元素灯。
(3) 恒温水浴装置。
(4) 万分位电子天平。
(5) 慢速定量滤纸。
(6) 一般实验室常用的玻璃器皿和设备。

四、实验试剂

除非另有说明,分析时均使用符合国家标准的优级纯试剂。本实验用水为新制备的蒸馏水。

图 3-4　微波消解仪

（1）浓盐酸：$\rho=1.19\text{g}/\text{mL}$。

（2）浓硝酸：$\rho=1.42\text{g}/\text{mL}$。

（3）（5+95）盐酸溶液：移取 25mL 浓盐酸用实验用水稀释至 500mL。

（4）（1+1）盐酸溶液：移取 500mL 浓盐酸用实验用水稀释至 1000mL。

（5）硼氢化钾溶液 A（$c=10\text{g}/\text{L}$）：称取 0.5g 氢氧化钾放入盛有 100mL 实验用水的烧杯中，用玻璃棒搅拌至完全溶解后再加入称好的 1g 硼氢化钾（KBH），搅拌溶解。此溶液须当日配制，用于测定汞。

（6）硼氢化钾溶液 B（$c=20\text{g}/\text{L}$）：称取 0.5g 氢氧化钾放入盛有 100mL 实验用水的烧杯中，用玻璃棒搅拌至完全溶解后再加入称好的 2g 硼氢化钾，搅拌溶解。此溶液当日配制，用于测定砷、硒、铋、锑。

（7）硫脲和抗坏血酸混合溶液：称取硫脲（CH_4N_2S，分析纯）、抗坏血酸（$C_6H_8O_6$，分析纯）各 10g，用 100mL 实验用水溶解，混匀。此溶液须当日配制。

（8）汞标准固定液（简称固定液）：将 0.5g 重铬酸钾溶于 950mL 实验用水中，再加入 50mL 浓硝酸，混匀。

（9）汞标准贮备液（$c=100\text{mg}/\text{L}$）：购买市售有证标准物质/有证标准样品，或称取在硅胶干燥器中放置过夜的氯化汞（$HgCl_2$）0.135 4g，用适量实验用水溶解后移至 1000mL 容量瓶中，最后用固定液定容至标线，混匀。

（10）汞标准中间液（$c=1\text{mg}/\text{L}$）：移取汞标准贮备液 5mL，置于 500mL 容量瓶中，用固定液定容至标线，混匀。

（11）汞标准使用液（$c=10.0\mu\text{g}/\text{L}$）：移取汞标准中间液 5mL，置于 500mL 容量瓶中，用固定液定容至标线，混匀。临用现配。

(12)砷标准贮备液($c=100$mg/L):购买市售有证标准物质/有证标准样品,或称取 0.132 0g 经过 105℃ 干燥 2h 的三氧化二砷(As_2O_3),(优级纯)溶解于 5mL 浓度为 1mol/L 氢氧化钠溶液中。先用 1mol/L 的盐酸溶液中和至酚酞红色褪去,再用实验用水定容至 1000mL,混匀。

(13)砷标准中间液($c=1$mg/L):移取砷标准贮备液 5mL,置于 500mL 的容量瓶中,加入 100mL(1+1)盐酸溶液,用实验用水定容至标线,混匀。

(14)砷标准使用液($c=100$μg/L):移取砷标准中间液 10mL,置于 100mL 容量瓶中,加入 20mL(1+1)盐酸溶液,用实验用水定容至标线,混匀。临用现配。

(15)硒标准贮备液($c=100$mg/L):购买市售有证标准物质、有证标准样品,或称取 0.100 0g 高纯硒粉,置于 100mL 烧杯中,加 20mL 浓硝酸低温加热溶解后冷却至温室,移入 1000mL 容量瓶中,用实验用水定容至标线,混匀。

(16)硒标准中间液($c=1$mg/L):移取硒标准贮备液 5mL,置于 500mL 的容量瓶中,用实验用水定容至标线,混匀。

(17)硒标准使用液($c=100$μg/L):移取硒标准中间液 10mL,置于 100mL 容量瓶中,用实验用水定容至标线,混匀。临用现配。

(18)铋标准贮备液($c=100$mg/L):购买市售有证标准物质、有证标准样品,或称取高纯金属铋 0.100 0g,置于 100mL 烧杯中,加 20mL 浓硝酸,低温加热至溶解完全,冷却,移入 1000mL 容量瓶中,用实验用水定容至标线,混匀。

(19)铋标准中间液($c=1$mg/L):移取铋标准贮备液 5mL,置于 500mL 的容量瓶中,加入 100mL(1+1)盐酸溶液,用实验用水定容至标线,混匀。

(20)铋标准使用液($c=100$μg/L):移取铋标准中间液 10mL,置于 100mL 容量瓶中,加入 20mL(1+1)盐酸溶液,用实验用水定容至标线,混匀。临用现配。

(21)锑标准贮备液($c=100$mg/L):购买市售有证标准物质、有证标准样品,或称取 0.119 7g 经过 105℃ 干燥 2h 的三氧化二锑(Sb_2O_3)溶解于 80mL 浓盐酸中,转入 1000mL 容量瓶中,补加 120mL 浓盐酸,用实验用水定容至标线,混匀。

(22)锑标准中间液($c=1$mg/L):移取锑标准贮备液 5mL,置于 500mL 的容量瓶中,加入 100mL(1+1)盐酸溶液,用实验用水定容至标线,混匀。

(23)锑标准使用液($c=100$μg/L):移取 10mL 锑标准中间液,置于 100mL 容量瓶中,加入 20mL(1+1)盐酸溶液,用实验用水定容至标线,混匀。临用现配。

(24)载气和屏蔽气:氩气(纯度≥99.99%)。

五、实验步骤

1. 样品的采集与制备

(1) 样品采集和保存:按照 HJ/T 166—2004 的相关规定进行土壤样品的采集;按照《海洋监测规范 第 3 部分:样品采集、贮存与运输》(GB 17378.3—2007)的相关规定进行沉积物样品的采集。将采集后的样品在实验室中风干、破碎、过筛、保存。

(2) 试样制备:称取风干、过筛的样品 0.1~0.5g(精确至 0.000 1g。样品中元素含量低时,可将样品称取量提高至 1.0g)置于溶样杯中,用少量实验用水润湿。在通风橱中,先加入 6mL 浓盐酸,再慢慢加入 2mL 浓硝酸,混匀,使样品与消解液充分接触。若有剧烈化学反应,待反应结束后再将溶样杯置于消解罐中密封。将消解罐装入消解罐支架后放入微波消解仪的炉腔中,确认主控消解罐上的温度传感器及压力传感器均已与系统连接好,按照表 3-1 推荐的升温程序进行微波消解,程序结束后冷却。待罐内温度降至室温后在通风橱中取出,缓慢泄压放气,打开消解罐盖。

表 3-1 微波消解升温程序

步骤	升温时间/min	目标温度/℃	保持时间/min
1	5	100	2
2	5	150	3
3	5	180	25

把玻璃小漏斗插于 50mL 容量瓶的瓶口中,用慢速定量滤纸将消解后溶液过滤、转移至容量瓶中,用实验用水洗涤溶样杯及沉淀,将所有洗涤液并入容量瓶中,最后用实验用水定容至标线,混匀。

(3) 分取 10mL 试样置于 50mL 容量瓶中,按照表 3-2 加入浓盐酸、硫脲和抗坏血酸混合溶液,混匀。室温放置 30min,用实验用水定容至标线,混匀。

表 3-2 定容 50mL 时试剂加入量   单位:mL

名称	汞	砷、铋、锑	硒
盐酸	2.5	5.0	10.0
硫脲和抗坏血酸混合溶液	—	10.0	10.0

注:室温低于 15℃时,置于 30℃水浴中保温 20min。

(4) 样品干物质含量和含水率的测定:按照 HJ 613—2011 的相关规定测定土壤样

品的干物质含量,按照《海洋监测规范 第5部分:海洋监测规范》(GB 17378.5—2007)的相关规定,测定沉积物样品的含水率。

2. 原子荧光光度计的调试

将原子荧光光度计开机预热,按照仪器使用说明书设定灯电流、负高压、载气流量、屏蔽气流量等工作参数,工作参数见表3-3。

表3-3 原子荧光光度计的工作参数

元素名称	灯电流/mA	负高压/V	原子化气温度/℃	载气流量/(mL·min^{-1})	屏蔽气流量/(mL·min^{-1})	灵敏线波长/nm
汞	15~40	230~300	200	400	800~1000	253.7
砷	40~80	230~300	200	300~400	800	193.7
硒	40~80	230~300	200	350~400	600~1000	196.0
铋	40~80	230~300	200	300~400	800~1000	306.8
锑	40~80	230~300	200	200~400	400~700	217.6

3. 标准曲线的绘制

(1)汞的标准系列。

分别移取0.5mL、1mL、2mL、3mL、4mL、5mL汞标准使用液于一组50mL容量瓶中,分别加入2.5mL浓盐酸,用实验用水定容至标线,混匀。

(2)砷的标准系列。

分别移取0.5mL、1mL、2mL、3mL、4mL、5mL砷标准使用液于一组50mL容量瓶中,分别往各容量瓶加入5mL浓盐酸、10mL硫脲和抗坏血酸混合溶液,室温放置30min(室温低于15℃时,置于30℃水浴中保温20min),用实验用水定容至标线,混匀。

(3)硒的标准系列。

分别移取0.5mL、1mL、2mL、3mL、4mL、5mL硒标准使用液于一组50mL容量瓶中,分别加入10mL浓盐酸,室温放置30min(室温低于15℃时,置于30℃水浴中保温20min),用实验用水定容至标线,混匀。

(4)铋的标准系列。

分别移取0.5mL、1mL、2mL、3mL、4mL、5mL铋标准使用液于一组50mL容量瓶中,分别往各容量瓶加入5mL浓盐酸、10mL硫脲和抗坏血酸混合溶液,用实验用水定容至标线,混匀。

(5) 锑的标准系列。

分别移取 0.5mL、1mL、2mL、3mL、4mL、5mL 锑标准使用液于一组 50mL 容量瓶中,分别往各容量瓶加入 5mL 浓盐酸、10mL 硫脲和抗坏血酸混合溶液,室温放置 30min(室温低于 15℃时,置于 30℃水浴中保温 20min),用实验用水定容至标线,混匀。

汞、砷、硒、铋、锑的标准系列溶液浓度见表 3-4。

表 3-4 各元素标准系列溶液浓度　　　　　　　　　单位:μg/L

元素	标准系列浓度						
汞	0.00	0.10	0.20	0.40	0.60	0.80	1.00
砷	0.00	1.00	2.00	4.00	6.00	8.00	10.00
硒	0.00	1.00	2.00	4.00	6.00	8.00	10.00
铋	0.00	1.00	2.00	4.00	6.00	8.00	10.00
锑	0.00	1.00	2.00	4.00	6.00	8.00	10.00

(6) 绘制标准曲线。

以硼氢化钾溶液(A 或 B)为还原剂、(5+95)盐酸溶液为载流,由低浓度到高浓度的顺序依次测定标准系列标准溶液的原子荧光强度。用扣除空白试样的标准系列原子荧光强度作为纵坐标、溶液中相对应的元素浓度(μg/L)为横坐标,绘制标准曲线。

4. 测定

(1) 空白试验:不加入土壤试样,按照与标准曲线绘制相同的步骤进行空白试验。

(2) 测定土壤样品:将制备好的试料导入原子荧光光度计中,按照与绘制标准曲线相同的仪器工作条件进行测定。如果被测元素浓度超过标准曲线浓度范围,应稀释后重新进行测定。同时将制备好的空白试料导入原子荧光光度计中,按照与绘制标准曲线相同的仪器工作条件进行测定。

六、数据记录与处理

(1) 土壤样品的结果计算。

土壤中元素(汞、砷、硒、铋、锑)含量按照下式进行计算:

$$\omega_1 = \frac{(c-c_0) \times V_0 \times V_1}{m \times w_{dm} \times V_1} \times 10^{-3}$$

式中:ω_1 表示土壤中元素的含量(mg/kg);c 表示由标准曲线查得的测定试液中元素的浓度(μg/L);c_0 表示空白溶液中元素的测定浓度(μg/L);V_0 表示微波消解后试液的定容体积(mL);V_1 表示分取试液的体积(mL);V_2 表示分取后测定试液的定容体积(mL);m 表示称取样品的质量(g);w_{dm} 表示样品的干物质含量(%)。

(2) 沉积物样品的结果计算。

沉积物中元素(汞、砷、硒、铋、锑)含量按照下式进行计算：

$$\omega_2 = \frac{(c-c_0) \times V_0 \times V_2}{m \times (1-f) \times V_1} \times 10^{-3}$$

式中：ω_2 表示沉积物中元素的含量(mg/kg)；c 表示由标准曲线查得的测定试液中元素的浓度(μg/L)；c_0 表示空白溶液中元素的测定浓度(μg/L)；V_0 表示微波消解后试液的定容体积(mL)；V_1 表示分取试液的体积(mL)；V_2 表示分取后测定试液的定容体积(mL)；m 表示称取样品的质量(g)；f 表示样品的含水率(%)。

当测定结果小于 1mg/kg 时，小数点后数字最多保留至第三位；当测定结果大于 1mg/kg 时，保留三位有效数字。

(3) 质量保证和质量控制。

① 每批样品至少测定 2 个全程空白，空白样品须使用和样品完全一致的消解程序，测定结果应低于方法测定下限。

② 根据批量大小，每批样品需测定 1~2 个含目标元素的标准物质，测定结果必须在可以控制的范围内。

③ 在每批次（小于 10 个）或每 10 个样品中，应至少做 10% 样品的重复消解。

④ 若样品在消解过程产生的压力过大造成泄压而破坏其密闭系统，则此样品数据不应采用。

⑤ 本方法中标准曲线的相关系数应不小于 0.999。

七、注意事项

(1) 硝酸和盐酸具有强腐蚀性，样品消解过程应在通风橱内进行，实验人员应注意佩戴防护器具。

(2) 实验所用的玻璃器皿均须用(1+1)硝酸溶液浸泡24h后，依次用自来水、实验用水洗净。

(3) 消解罐的日常清洗和维护步骤：先进行一次空白消解（加入 6mL 浓盐酸，再慢慢加入 2mL 浓硝酸，混匀)，以去除内衬管和密封盖上的残留；用水和软刷仔细清洗内衬管和压力套管；将内衬管和陶瓷外套管放入烘箱，在 200~250℃ 温度下加热至少 4h，然后在室温下自然冷却。

八、思考题

若测定的空白值过高，有哪些可能的原因，该如何解决？

实验八　土壤中总汞的测定
（催化热解冷原子吸收分光光度法）

一、实验目的

（1）理解并掌握土壤中总汞的含义。
（2）熟练掌握催化热解冷原子吸收分光光度法的原理和基本操作技巧。

二、实验原理

样品导入燃烧催化炉后，经干燥、热分解及催化反应，各种形态的汞都被还原成单质汞，单质汞进入齐化管生成金汞齐，齐化管快速升温将金汞齐中的汞以蒸气形式释放出来。汞蒸气被载气带入冷原子吸收分光光度计，对 253.7nm 特征谱线产生吸收，在一定浓度范围内，吸收强度与汞的浓度成正比。当取样量为 0.1g 时，本方法检出限为 $0.2\mu g/kg$，测定范围为 $0.8\sim6.0\times10^3\mu g/kg$。

三、实验仪器与材料

（1）测汞仪（图 3-5）：配备样品舟（镍舟或石英舟）、燃烧催化炉、齐化管、解吸炉及冷原子吸收分光光度计。

图 3-5　测汞仪

(2) 万分位电子天平。

(3) 一般实验室常用的其他仪器和设备。

(4) 石英砂：75～150μm(200～100目)。置于马弗炉850℃灼烧2h，冷却后装入具塞磨口玻璃瓶中密封保存。

四、实验试剂

除非另有说明，分析时均使用符合国家标准的分析纯试剂，实验用水为新制备的去离子水或蒸馏水。

(1) 浓硝酸：$\rho=1.42$g/mL，优级纯。

(2) 重铬酸钾($K_2Cr_2O_7$)：优级纯。

(3) 氯化汞($HgCl_2$)：优级纯。临用时放干燥器中充分干燥。

(4) 固定液：将0.5g重铬酸钾溶于950mL蒸馏水中，再加50mL浓硝酸，混匀。

(5) 汞标准贮备液($c_{Hg}=100$mg/L)：称取0.135 4g氯化汞，用固定液溶解后，转移至1000mL容量瓶，再用固定液稀释定容至标线，摇匀。也可直接购买市售有证标准溶液。

(6) 汞标准使用液($c_{Hg}=10$mg/L)：移取汞标准贮备液10mL，置于100mL容量瓶中，用固定液定容至标线，混匀。临用现配。

(7) 载气：高纯氧气(O_2)，纯度≥99.999%。

五、实验步骤

1. 样品的采集与制备

(1) 样品的采集与保存：土壤样品按照HJ/T 166—2004的相关要求采集和保存，海洋沉积物样品按照GB 17378.3—2007的相关要求采集和保存，地表水沉积物样品按照HJ/T 91—2002和《水质 采样技术指导》(HJ 494—2009)的相关要求采集。样品采集后，置于玻璃瓶中4℃以下冷藏保存，保存时间为28d。将采集的样品在实验室中风干、破碎、过筛，保存备用。

(2) 水分的测定：按照HJ 613—2011的相关规定测定土壤样品的干物质含量，按照GB 17378.5—2007的相关规定测定沉积物样品的含水率。

2. 设置仪器

按照仪器操作说明书连接仪器气路，并于使用前对气路进行气密性检查。参照仪器使用说明，选择最佳分析条件，仪器参考条件如表3-5所示。

表 3-5　仪器参考条件

参数	参考值
干燥温度/℃	200
干燥时间/s	10
分解温度/℃	700
分解时间/s	140
催化温度/℃	600
汞齐化加热温度/℃	900
汞齐化混合加热时间/s	12
载气流量/(mL·min^{-1})	100
检测波长/nm	253.7

3. 标准曲线的绘制

(1) 标准系列溶液的配制。

① 低浓度标准系列溶液：分别移取 0μL、50μL、100μL、200μL、300μL、400μL 和 500μL 汞标准使用液至容量瓶，用固定液定容至 10mL，配制成当进样量为 100μL 时汞含量分别为 0ng、5ng、10ng、20ng、30ng、40ng 和 50ng 的标准系列溶液。

② 高浓度标准系列溶液：分别移取 0mL、0.5mL、1mL、2mL、3mL、4mL、6mL 汞标准使用液至容量瓶，用固定液定容至 10mL，配制成当进样量为 100μL 时汞含量分别为 0ng、50ng、100ng、200ng、300ng、400ng 和 600ng 的标准系列溶液。

(2) 标准曲线的建立：分别移取 100μL 标准系列溶液置于样品舟中，按照仪器参考条件依次进行标准系列溶液的测定，记录吸光度值。以各标准系列溶液的汞含量为横坐标、其对应的吸光度值为纵坐标，分别建立低浓度或高浓度标准曲线。

4. 测定

(1) 试样的测定：称取约 0.1g(精确到 0.0001g)样品于样品舟中，按照与建立标准曲线时相同的仪器条件进行样品的测定。取样量可根据样品浓度适当调整，推荐取样量为 0.1～0.5g。

(2) 空白试验：用石英砂代替样品，按照与样品测定相同的测定步骤进行空白试验。

六、数据记录与处理

(1) 土壤样品的结果计算。

土壤样品中总汞含量的计算式为

$$\omega_1 = \frac{m_1}{m \times w_{dm}}$$

式中：ω_1 表示样品中总汞的含量（μg/kg）；m_1 表示由标准曲线所得样品中的总汞含量（ng）；m 表示称取样品的质量（g）；w_{dm} 表示样品干物质的含量（%）。

（2）沉积物样品的结果计算。

沉积物样品中总汞含量的计算式为

$$\omega_2 = \frac{m_1}{m \times (1 - \omega_{H_2O})}$$

式中：ω_2 表示样品中总汞的含量（μg/kg）；m_1 表示由标准曲线所得样品中的总汞含量（ng）；m 表示称取样品的质量（g）；ω_{H_2O} 表示样品含水率（%）。

当测定结果小于 10μg/kg 时，结果保留至小数点后一位；当测定结果大于或等于 10μg/kg 时，结果保留三位有效数字。

（3）质量保证和质量控制。

① 每次实验前须对所用的全部样品舟进行空白测定，样品舟的空白值应低于方法检出限。否则，将样品舟置于马弗炉中，于 850℃ 灼烧 2h 后，再次测定空白值，直至样品舟空白值低于方法检出限。

② 每 20 个样品或每批次（少于 20 个样品/批）须做一个空白试验，测定结果中总汞的含量不应超过方法检出限。

③ 标准曲线应至少包含 5 个非零浓度点，相关系数 $r \geqslant 0.995$。每次开机后，按照与建立标准曲线时相同的仪器条件，测定标准曲线浓度范围内的 1 个有证标准样品的汞含量，测量值应在证书标准值范围内。否则，应重新建立标准曲线。

④ 每 20 个样品或每批次（少于 20 个样品/批）应分析一个平行样，平行样品测定结果的相对偏差应 $\leqslant 25\%$。

七、注意事项

（1）应避免在汞污染的环境中操作。

（2）分析高浓度样品（$\geqslant 400$ng）之后，汞会在系统中产生残留，须用 5% 硝酸作为样品进行分析，当其分析结果低于检出限时，再进行下一个样品分析。

（3）实验过程中仪器排放的含汞废气可使用碘溶液、硫酸、二氧化锰溶液或 5% 的高锰酸钾溶液吸收，吸收液须及时更换。

八、思考题

若测定的空白值过高，有哪些可能的原因，该如何解决？

实验九　土壤中金属元素的测定
（王水消解电感耦合等离子体法）

一、实验目的

(1) 掌握镉、钴、铜等 12 种金属元素的测定方法。
(2) 理解并掌握电感耦合等离子体质谱仪（ICP-MS）的原理与基本操作方法。

二、实验原理

土壤和沉积物样品用盐酸-硝酸（王水）溶液经电热板消解法或微波消解法消解后，用电感耦合等离子体质谱仪进行检测。根据元素的质谱图或特征离子进行定性、内标法定量。

试样由载气带入雾化系统进行雾化后，目标元素以气溶胶形式进入等离子体的轴向通道，在高温和惰性气体中被充分蒸发、解离、原子化和电离，转化成带电荷的正离子，经离子采集系统进入质谱仪，质谱仪根据离子的质荷比进行分离并定性、定量分析。在一定浓度范围内，离子的质荷比所对应的响应值与其浓度成正比。

当取样量为 0.1g、消解后定容体积为 50mL 时，12 种金属元素的方法检出限和测定下限见表 3-6。

表 3-6　方法检出限和测定下限　　　　　　　　　单位：mg/kg

元素		镉	钴	铜	铬	锰	镍	铅	锌	钒	砷	钼	锑
电热板消解	方法检出限	0.07	0.03	0.5	2	0.7	2	2	7	0.7	0.6	0.1	0.3
	测定下限	0.28	0.12	2.0	8	2.8	8	8	28	2.8	2.4	0.4	1.2
微波消解	方法检出限	0.09	0.04	0.6	2	0.4	1	2	1	0.4	0.4	0.05	0.08
	测定下限	0.36	0.16	2.4	8	1.6	4	8	4	1.6	1.6	0.20	0.32

三、实验仪器与材料

(1) 电感耦合等离子体质谱仪（图 3-6）：能够扫描的质量范围为 5～250amu，分辨率在 10% 峰高处的峰宽应介于 0.6～0.8amu 之间。
(2) 温控电热板：控制精度为 ±0.2℃，最高温度可设定为 250℃。
(3) 微波消解仪：输出功率为 1000～1600W。具有可编程控制功能，可对温度、压

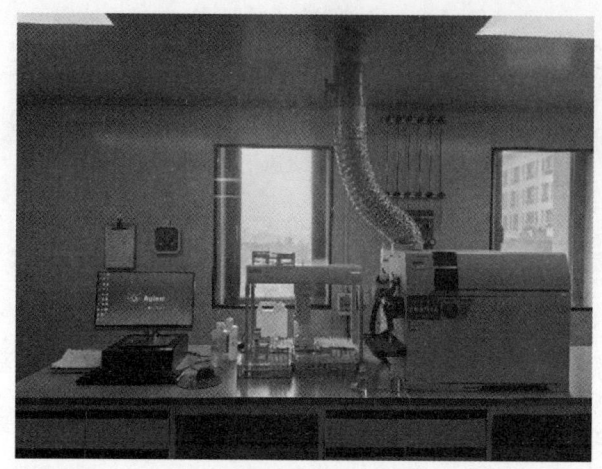

图 3-6　电感耦合等离子体质谱仪

力和时间(升温时间和保持时间)进行全程监控;具有安全防护功能。

(4) 万分位电子天平。

(5) 聚四氟乙烯密闭消解罐:可抗压、耐酸、耐腐蚀,具有泄压功能。

(6) 锥形瓶(100mL)、玻璃漏斗、容量瓶。

(7) 尼龙筛:0.15mm(100 目)。

(8) 慢速定量滤纸。

(9) 一般实验室常用的其他玻璃器皿。

四、实验试剂

除非另有说明,分析时均使用符合国家标准的优级纯试剂。本实验用水为新制备的去离子水。

(1) 浓盐酸:$\rho = 1.19$g/mL。

(2) 浓硝酸:$\rho = 1.42$g/mL。

(3) 盐酸-硝酸溶液(王水):3+1。

(4) 硝酸溶液:$c_{HNO_3} = 0.5$mol/L。

(5) (2+98)硝酸溶液。

(6) (1+4)硝酸溶液。

(7) 标准溶液。

① 单元素标准储备液:用高纯度的金属(纯度大于 99.99%)或金属盐类(基准或高纯试剂)配制成 100~1000mg/L 含 0.5mol/L 硝酸溶液的标准储备溶液,溶液酸度保持在 1.0%(V/V)以上。亦可购买市售有证标准物质。

② 多元素标准储备液($c=10\text{mg/L}$):用 0.5mol/L 硝酸溶液稀释单元素标准储备液配制。亦可购买市售有证标准物质。

③ 多元素标准使用液($c=200\mu\text{g/L}$):用 0.5mol/L 硝酸溶液稀释多元素标准储备液配制成多元素标准使用液。亦可购买市售有证标准物质。

④ 内标标准储备液($c=10\text{mg/L}$):宜选用 ^{6}Li、^{45}Sc、^{74}Ge、^{89}Y、^{103}Rh、^{115}In、^{185}Re、^{209}Bi 为内标元素。可用高纯度的金属(纯度大于 9.99%)或金属盐类(基准或高纯试剂)配制。亦可购买市售有证标准物质进行配制,介质为 0.5mol/L 硝酸溶液。

⑤ 内标标准使用液($c=100\mu\text{g/L}$):用 0.5mol/L 硝酸溶液稀释内标储备液配制成内标标准使用液。由于不同仪器使用的蠕动泵管管径不同,在线加入内标时,加入的浓度也不同,因此在配制内标标准使用液时应使内标元素在试样中的浓度为 $10\sim50\mu\text{g/L}$。

⑥ 调谐液($c=10\mu\text{g/L}$):宜选用含有 Li、Be、Mg、Y、Co、In、Ti、Pb 和 Bi 元素的溶液为质谱仪的调谐液。可用高纯度的金属(纯度大于 99.99%)或相应的金属盐类(基准或高纯试剂)进行配制。亦可直接购买市售有证标准物质。

所有元素的标准溶液配制后均应在密封的聚乙烯或聚丙烯瓶中保存。

(8) 载气:氩气,纯度≥99.999%。

五、实验步骤

1. 样品的采集与制备

(1) 样品的采集与保存:按照 HJ/T 166—2004 的相关规定采集和保存土壤样品,按照 GB 17378.3—2007 的相关规定采集和保存沉积物样品。样品采集、运输和保存过程应避免沾污和待测元素损失。

(2) 水分的测定:土壤样品干物质测定按照 HJ 613—2011 执行,沉积物样品含水率测定按照 GB 17378.5—2007 执行。

(3) 样品的制备:除去样品中的枝棒、叶片、石子等异物,按照 HJ/T 166—2004 和 GB 17378.5—2007 的要求,将采集的样品进行风干、粗磨、细磨至可过孔径 0.15mm 的筛。样品的制备过程应避免沾污和待测元素损失。

(4) 试样的制备。

① 电热板加热消解:移取 15mL 王水于 100mL 锥形瓶中,加入 3 粒或 4 粒小玻璃珠,放上玻璃漏斗,于电热板上加热至微沸,使王水蒸气浸润整个锥形瓶内壁约 30min,冷却后弃去,用实验用水洗净锥形瓶内壁,晾干待用。

称取待测样品约 0.1g(精确至 0.0001g),置于上述已准备好的 100mL 锥形瓶中,加入 6mL 王水溶液，放上玻璃漏斗，于电热板上加热，保持王水处于微沸状态 2h（保持王水蒸气在瓶壁和玻璃漏斗上回流，但反应不能过于剧烈而导致样品溢出）。消解结束后静置冷却至室温，用慢速定量滤纸将提取液过滤收集于 50mL 容量瓶。待提取液滤尽后，用少量 0.5mol/L 硝酸溶液清洗玻璃漏斗、锥形瓶和滤渣至少 3 次，洗液一并过滤收集于容量瓶中，用实验用水定容至刻度。

②微波消解。称取待测样品约 0.1g（精确至 0.0001g），置于聚四氟乙烯密闭消解罐中，加入 6mL 王水。将消解罐置于消解罐支架，放入微波消解仪中，按照表 3-7 提供的微波消解参考程序进行消解，消解结束后冷却至室温。打开密闭消解罐，用慢速定量滤纸将提取液过滤收集于 50mL 容量瓶中。待提取液滤尽后，用少量 0.5mol/L 硝酸溶液清洗聚四氟乙烯消解罐的盖子内壁、罐体内壁和滤渣至少 3 次，洗液一并过滤收集于容量瓶中，用实验用水定容至刻度。也可参照表 3-7，优化其功率、升温时间、目标温度、保持时间等参数。

表 3-7　微波消解参考程序

步骤	升温时间/min	目标温度/℃	保持时间/min
1	5	120	2
2	4	150	5
3	5	185	40

(5) 空白样品的制备：不加土壤样品，按照与制备试样相同的步骤制备实验室空白试样。

2. 仪器调谐

点燃等离子体后，仪器预热稳定 30min。用质谱仪调谐液对仪器的灵敏度、氧化物和双电荷进行调谐，在仪器的灵敏度、氧化物和双电荷满足要求的条件下，质谱仪给出的调谐液中所含元素信号强度的相对标准偏差应≤5%。在涵盖待测元素的质量范围内进行质量校正和分辨率校验，如质量校正结果与真实值差值超过±0.1amu 或调谐元素信号的分辨率在 10% 峰高处所对应的峰宽不处于 0.6～0.8amu 的范围内，应按照仪器使用说明书对质谱仪进行校正。

3. 标准曲线的绘制

分别移取一定体积的多元素标准使用液于同一组 100mL 容量瓶中，分别用 0.5mol/L 硝酸溶液稀释定容至刻度，混匀。以 0.5mol/L 硝酸溶液为标准系列的最低浓度点,另制备至少 5 个浓度点的标准系列。标准系列溶液浓度见表 3-8。内标标准使用液可直接加入标准系列中,也可通过蠕动泵在线加入。内标应选择试样中不含有的元素,或浓度远大于试样本身浓度的元素。按照仪器参考条件,将标准系列从低浓度到高浓度依次导入雾化器进行分析,以各元素的质量浓度为横坐标、对应的响应值和内标响应值的比值为纵坐标,建立标准曲线。标准曲线的浓度范围可根据测定实际需要进行调整。

表 3-8 标准系列溶液浓度

元素	$c_0/(\mu g \cdot L^{-1})$	$c_1/(\mu g \cdot L^{-1})$	$c_2/(\mu g \cdot L^{-1})$	$c_3/(\mu g \cdot L^{-1})$	$c_4/(\mu g \cdot L^{-1})$	$c_5/(\mu g \cdot L^{-1})$
镉	0	0.2	0.4	0.6	0.8	1.0
钴	0	10.0	20.0	40.0	60.0	80.0
铜	0	25.0	50.0	75.0	100.0	150.0
铬	0	25.0	50.0	100.0	150.0	200.0
锰	0	200.0	400.0	600.0	800.0	1 000.0
镍	0	10.0	20.0	50.0	80.0	100.0
铅	0	20.0	40.0	60.0	80.0	100.0
锌	0	20.0	40.0	80.0	160.0	320.0
钒	0	20.0	40.0	80.0	160.0	320.0
砷	0	10.0	20.0	30.0	40.0	50.0
钼	0	1.0	2.0	3.0	4.0	5.0
锑	0	1.0	2.0	3.0	4.0	5.0

4. 试样的测定

(1) 每个试样测定前,用(2+98)硝酸溶液冲洗系统直至信号降至最低,待分析信号稳定后开始测定。按照与建立标准曲线时相同的仪器参考条件和操作步骤进行试样的测定。若试样中待测目标元素浓度超出标准曲线范围,须经稀释后重新测定,稀释液使用 0.5 mol/L 硝酸溶液,稀释倍数为 f。

(2) 空白试样的测定:按照与试样测定时相同的仪器参考条件和操作步骤测定实验室空白试样。

六、数据记录与处理

(1) 土壤样品中各金属元素的含量计算式为

$$\omega_1 = \frac{(c - c_0) \times V \times f}{m \times w_{dm}} \times 10^{-3}$$

式中：ω_1 表示土壤样品中金属元素的含量(mg/kg)；c 表示由标准曲线计算所得的试样中金属元素的浓度(μg/L)；c_0 表示实验室空白试样中对应金属元素的质量浓度(μg/L)；V 表示消解后试样的定容体积(mL)；f 表示试样的稀释倍数；m 表示称取过筛后样品的质量(g)；w_{dm} 表示土壤样品干物质的含量(%)。

(2) 沉积物样品中各金属元素的含量计算式为

$$\omega_2 = \frac{(c - c_0) \times V \times f}{m \times (1 - w_{H_2O})} \times 10^{-3}$$

式中：ω_2 表示沉积物样品中金属元素的含量(mg/kg)；c 表示由标准曲线计算所得的试样中金属元素的浓度(μg/L)；c_0 表示实验室空白试样中对应金属元素的质量浓度(μg/L)；V 表示消解后试样的定容体积(mL)；f 表示试样的稀释倍数；m 表示称取过筛后样品的质量(g)；w_{H_2O} 表示沉积物样品含水率(%)。

测定结果小数位数的保留与方法检出限一致，最多保留三位有效数字。

(3) 质量保证和质量控制。

① 每批样品至少做 2 个实验室空白试样，其测定结果均应低于测定下限。

② 每次分析应建立标准曲线，其相关系数应≥0.999。每 20 个样品或每批次(少于 20 个样品/批)样品，应分析 1 个标准曲线中间浓度点，其测定结果与实际浓度值的相对偏差应≤10%，否则应查找原因或重新建立标准曲线。每 20 个样品或每批次(少于 20 个样品/批)样品分析完毕后，应进行一次标准曲线零点分析，其测定结果与实际浓度值的相对偏差应≤30%。

③ 每批样品至少按 10% 的比例进行平行双样测定，样品数量少于 10 个时，应至少测定 1 个平行双样。平行双样测定结果中，电热板消解测定钴、铜、铬、锰、镍、铅、锌、钒、砷的相对偏差应小于 30%，镉、钼、锑的相对偏差应小于 40%；微波消解测定 12 种金属元素的相对偏差应小于 30%。

④ 每次样品至少分析 10% 的加标回收样，样品数量小于 10 个时，应至少做 1 个加标回收样。加标回收样测定结果中，电热板消解测定镉、钴、铜、铬、锰、镍、铅、锌、钒、砷的加标回收率应控制在 70%～125% 之间，钼、锑的加标回收率应控制在 50%～125% 之间；微波消解测定 12 种金属元素的加标回收率应控制在 70%～125% 之间。

⑤ ICP-MS 对试剂纯度要求较高，应使用纯度高的试剂，且每批次试剂须通过空白试验检验，试剂空白值不得大于方法检出限。同一批次样品应使用同一批实验用水，实验用水应进行空白试验，空白值不得大于方法检出限。

⑥ 每次分析应测定内标的响应强度，试样中内标的响应值应介于标准曲线响应值

的 70%～130%之间,否则说明仪器发生漂移或有干扰产生,应查找原因后重新分析。若发现基体干扰,须稀释试样后测定;若发现试样中含有内标元素,须更换内标或提高内标元素浓度。

七、注意事项

(1) 实验所用的玻璃器皿须使用(1+4)硝酸溶液浸泡 24h,依次用自来水和实验用水洗净后方可使用。

(2) 为保证仪器的稳定性和实验的准确性,应参照仪器说明书,定期或测定一定数量样品后对仪器的雾化器、炬管、采样锥和截取锥进行清洗。

(3) 使用微波消解样品时,注意消解罐使用的温度和压力限制,消解前后应检查消解罐密封性。检查方法:当消解罐加入样品和消解液后,盖紧消解罐并称量(精确到0.01g),样品消解完待消解罐冷却至室温后,再次称量,记录每个罐的质量。如果消解后的质量比消解前的质量减少超过 10%,舍弃该样品,并查找原因。

八、思考题

(1) 测定时消解的作用是什么?
(2) 若测定的平行样之间误差较大,有哪些可能的原因?

实验十　土壤全氮(凯氏氮)的测定(自动定氮仪法)

一、实验目的

(1) 理解并掌握土壤全氮的含义。
(2) 熟练掌握土壤凯氏氮的测定和自动定氮仪的基本操作方法。

二、实验原理

全氮(total nitrogen)指在本实验条件下,能测定的样品中氮含量的总和,包括有机氮(如蛋白质、氨基酸、核酸、尿素等)、硝态氮、亚硝态氮以及铵态氮,还包括部分联氮、偶氮和叠氮等含氮化合物。

土壤中的全氮在浓硫酸和催化剂的作用下,经氧化还原反应全部转化为铵态氮。消解后的溶液碱化蒸馏出的氨被硼酸吸收,用标准盐酸溶液滴定时,可根据标准盐酸溶液的用量来计算土壤中全氮含量。

三、实验仪器与材料

(1) 万分位电子天平、石墨消解仪(图3-7)、全自动凯氏定氮仪(图3-8)。

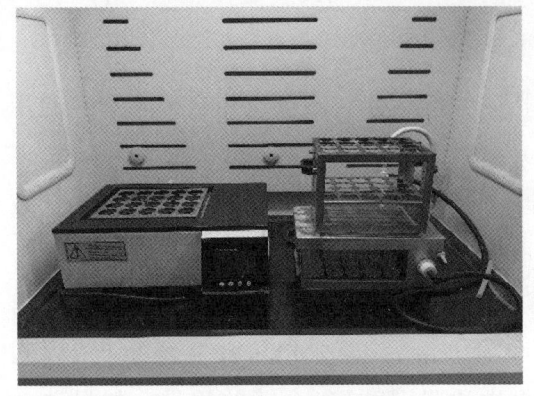

图3-7 石墨消解仪

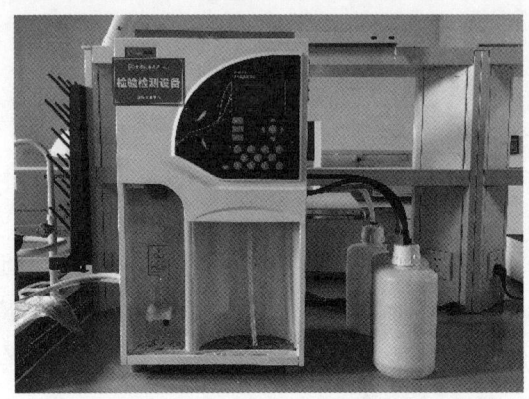

图3-8 全自动凯氏定氮仪

(2) 烧杯、消解管、锥形瓶、容量瓶等。

四、实验试剂

本实验所用试剂除另有说明外,均应使用符合国家标准或专业标准的分析试剂。本实验所用的水为无氨蒸馏水。

(1) 浓硫酸:$\rho=1.84\text{g/mL}$。

(2) 浓盐酸:$\rho=1.19\text{g/mL}$。

(3) (1+1)硫酸。

(4) 辛醇。

(5) 硫酸铵(优级纯)。

(6) 标准滴定溶液(任选一)。

①硫酸标准滴定溶液($c_{1/2H_2SO_4}=0.1000\text{mol/L}$):移取3mL浓硫酸至容量瓶,用蒸馏水稀释并定容至1000mL,摇匀,用无水碳酸钠标定。

②盐酸标准滴定溶液($c_{HCl}=0.1000\text{mol/L}$):移取9mL盐酸(盐酸浓度36%~38%)至容量瓶,用蒸馏水稀释并定容至1000mL,摇匀,用无水碳酸钠进行标定。

(7) 40%氢氧化钠溶液($c_{NaOH}=400\text{g/L}$):将400g氢氧化钠溶解于1000mL无氨蒸馏水中。

(8) 硫酸铵标准溶液($c=0.05\text{mol/L}$):取经过干燥的硫酸铵6.6065g,用蒸馏水溶解定溶至1000mL,摇匀备用。溶液中的氮含量为1.4mg/mL。

(9) 甲基红、溴甲酚绿混合指示剂：称取 0.1g 甲基红，用无水乙醇定容至 100mL；称取 0.1g 溴甲酚绿，用无水乙醇定容至 100mL。将 1 份甲基红乙醇溶液与 5 份溴甲酚绿乙醇溶液临用时混合。

(10) 2% 浓度硼酸溶液 2000mL（$c=20g/L$）：将 40g 硼酸溶于 2000mL 无氨蒸馏水中。混合指示剂与硼酸溶液按 1:100 混合，如 10mL 指示剂加入 1000mL 硼酸溶液中。

(11) 高锰酸钾溶液（$c_{KMnO_4}=50g/L$）：将 25g 高锰酸钾溶于 500mL 去离子水中，储存于棕色瓶中。

(12) 还原铁粉：磨细通过孔径为 0.15mm 的筛。

(13) 混合催化剂：硫酸钾（K_2SO_4）、硫酸铜（$CuSO_4$）。

五、实验步骤

可选择以下两种实验方法中的任一种进行消煮。

(1) 直接消煮。

① 取样：称取混匀样品约 1g（精确到 0.000 1g），加入消化管中，再加入混合催化剂（3g K_2SO_4，0.2g $CuSO_4$），最后加入 10mL 浓硫酸。

② 消解：利用石墨消解仪进行消解，将消化管放在石墨仪上，盖上排气罩，连接废气吸收系统，消化过程采用直线升温模式，按表 3-9 设定消解参数。

表 3-9　消解参数

阶段	温度/℃	保持/min
1	420	60

③ 测试：消化完毕后，将消化管取下冷却至室温后，将消化管置于定氮仪上。定氮仪程序设置如表 3-10 所示。

表 3-10　定氮仪程序

名称	硼酸	稀释水	碱液	蒸馏时间	蒸汽流量	滴定酸浓度
参数	25mL	30mL	40mL	5min	100%	0.020 0mol/L

(2) 还原后消煮。

① 取样：称取土壤样品约 1g（精确至 0.000 1g），然后将样品分别送入消化管底部，加 1mL 高锰酸钾溶液，摇动消化管，再缓慢加入 2mL(1+1) 硫酸，不断转动消化管，放置 5min 后再滴加 1 滴辛醇。称取 0.5g 还原铁粉分别放入消化管底部，转动消化管，使铁粉与酸充分接触，待剧烈反应停止后，将消化管置于石墨消解仪上 100℃ 左右加热

45min 后取下放冷至室温,再加入混合催化剂(3g K_2SO_4,0.2g $CuSO_4$),最后加入 10mL 浓硫酸。

② 消解:利用石墨消解仪进行消解,将消化管放在石墨消解仪上,盖上排气罩,连接废气吸收系统,消化过程采用曲线升温模式,设定的消解参数见表 3-11。

表 3-11 消解参数

阶段	温度/℃	保持/min
1	200	20
2	420	60

③ 测试:消化完毕后,将消化管取下冷却至室温,将消化管置于定氮仪上。定氮仪程序设置如表 3-12 所示。

表 3-12 定氮仪程序

名称	硼酸	稀释水	碱液	蒸馏时间	蒸汽流量	滴定酸浓度
参数	25mL	30mL	40mL	5min	100%	0.020 0mol/L

蒸馏结束,待消化管内液体缓和后,取下接收液。用标准滴定溶液滴定接收液,直至接收液呈灰紫色,读取并记录滴定酸的消耗量,依次滴定所有样品。

空白试样:不加入土壤样品,按照与上述测试相同的步骤和条件进行测定。

六、数据记录与处理

土壤全氮的含量计算式为

$$\omega_N = \frac{(V_1 - V_0) \times c \times 14.0 \times 1000}{m \times w_{dm}}$$

式中:ω_N 表示土壤中全氮的含量(mg/kg);V_1 表示样品消耗标准溶液的体积(mL);V_0 表示空白试样消耗标准溶液的体积(mL);c 表示标准滴定溶液的浓度(mol/L);14.0 表示氮的摩尔质量(g/mol);w_{dm} 表示土壤样品干物质的含量(%);m 表示称取土样的质量(g)。

结果保留三位有效数字,按科学计数法表示。

七、注意事项

(1) 如果蒸馏后消化管中的沉淀物附着在瓶壁上,可少量多次加入水使其溶于水中,再完全转移至锥形瓶中进行滴定。

(2) 消解时温度不能超过 400℃,以防瓶壁温度过高铵盐受热分解,导致氮的损失。

八、思考题

还原后消煮方法中,加入辛醇的目的是什么？直接消煮与还原后消煮两方法分别适用于什么条件？

实验十一　土壤有机质的测定(重铬酸钾氧化外加热法)

一、实验目的

(1) 理解并掌握土壤有机质的含义。
(2) 掌握重铬酸钾氧化外加热法测定土壤有机质的方法和原理。

二、实验原理

重铬酸钾氧化外加热法:利用油浴加热消煮来加速有机质的氧化,使土壤有机质中的碳氧化成二氧化碳,而重铬酸离子被还原成三价铬离子,剩余的重铬酸钾用二价铁的标准溶液滴定,再根据有机碳被氧化前后重铬酸离子数量的变化,算出有机碳或有机质的含量。本法采用氧化校正系数1.1来计算有机质含量。

三、实验仪器与材料

(1) 调温电炉,温度计(250℃),硬质试管(25mm×100mm),油浴锅(图3-9,内装固体石蜡或植物油),铁丝笼(大小和形状与油浴锅配套,内有若干小格,每格内可插入一支试管),锥形烧瓶(250mL),土壤筛(孔径为0.149mm)。

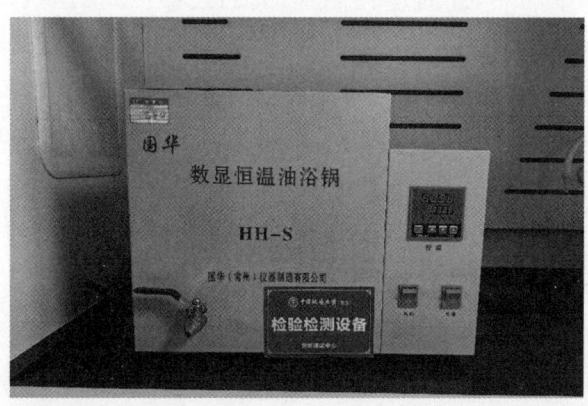

图3-9　油浴锅

(2) 实验室常用的玻璃器皿。

四、实验试剂

本实验所用试剂除另有说明外,均应使用符合国家标准或专业标准的分析试剂。本实验所用的水为去离子水。

(1) 重铬酸钾标准溶液($c_{1/6K_2Cr_2O_7} = 0.8\text{mol/L}$):称取 39.224 5g 重铬酸钾($K_2Cr_2O_7$,分析纯)加 400mL 水,加热使之溶解,冷却后用水定容至 1L。

(2) 硫酸亚铁溶液($c=0.2\text{mol/L}$):称取 56g 硫酸亚铁($FeSO_4 \cdot 7H_2O$,化学纯)或 80g 硫酸亚铁铵[$Fe(NH_4)_2(SO_4)_2 \cdot 6H_2O$,化学纯],溶解于水,加 15mL 浓硫酸,用水定容至 1L。

(3) N-苯基邻胺基苯甲酸($C_{13}H_{11}O_2N$)指示剂:将 0.2g 指示剂溶于 100mL 的 2g/L 碳酸钠溶液中,稍加热并不断搅拌,促使浮于表面的指示剂溶解。

(4) 邻菲啰啉指示剂:称取 1.485g 邻菲啰啉($C_{12}H_8N_2 \cdot H_2O$)及 0.695g 硫酸亚铁($FeSO_4 \cdot 7H_2O$)溶于 100mL 水,形成红棕色络合物[$Fe(C_{12}H_8N_2)_3^{2+}$],贮于棕色瓶中。

(5) 浓硫酸($\rho=1.84\text{g/mL}$):化学纯。

(6) 硫酸银:化学纯,研成粉末。

五、实验步骤

(1) 称样:用减量法称取 0.1~0.5g(精确到 0.000 1g)通过 0.149mm 筛的风干土样于硬质大试管中,加粉末状的硫酸银 0.1g。用吸管加入 5mL 重铬酸钾标准溶液,然后用注射器注入 5mL 浓硫酸,并小心旋转摇匀。

(2) 消煮:预先将油浴锅加热至 185~190℃,将盛土样的大试管插入铁丝笼架中,然后将其放入油浴锅中加热,此时应控制锅内温度为 170~180℃,并使溶液保持沸腾 5min,然后取出铁丝笼架,待试管稍冷后,用干净纸擦净试管外部的油液,如煮沸后的溶液呈绿色,表示重铬酸钾用量不足,应再称取较少的土样重做。

(3) 滴定:如溶液呈橙黄色或黄绿色,则冷却后将试管内混合物洗入 250mL 锥形瓶中,使瓶内混合物体积在 60~80mL 之间,加邻菲啰啉指示剂 3~4 滴,用硫酸亚铁溶液滴定,溶液由橙黄色经蓝绿色到终点棕红色;如用 N-苯基邻胺基苯甲酸指示剂,变色过程由棕红色经紫色至终点蓝绿色。记录硫酸亚铁用量(V)。

每批分析时,必须做 2~3 个空白标定;空白标定不加土样,但加入 0.1~0.5g 石英砂,其他步骤与测定土样时完全相同,记录硫酸亚铁溶液用量(V_0)。

六、数据记录与处理

(1) 土壤有机质含量计算式为

$$w_{\text{C.O}} = \dfrac{\dfrac{0.800\ 0 \times 5.0}{V_0} \times (V_0 - V) \times 0.003 \times 1.1}{m_1 \times K_2} \times 1000$$

$$w_{\text{om}} = w_{\text{C.O}} \times 1.724$$

式中:$w_{\text{C.O}}$ 表示有机碳含量(g/kg);w_{om} 表示有机质含量(g/kg);0.800 0 表示重铬酸钾标准溶液的浓度(mol/L);5.0 表示重铬酸钾标准溶液的体积(mL);V_0 表示空白标定所用硫酸亚铁溶液的体积(mL);V 表示滴定土样所用硫酸亚铁溶液的体积(mL);0.003 表示碳原子的摩尔质量(g/mmol);1.1 表示氧化校正系数;1.724 表示将有机碳换算成有机质的系数;m_1 表示风干土样的质量(g);K_2 表示将风干土样换算到烘干土样的水分换算系数。

（2）土壤有机质碳氮比的计算式为

$$\dfrac{C}{N} = \dfrac{w_{\text{TOC}}}{w_{\text{TN}}}$$

式中:$\dfrac{C}{N}$ 表示土壤有机质碳氮比;w_{TOC} 表示土壤有机碳含量(g/kg);w_{TN} 表示土壤全氮含量(g/kg)。

七、注意事项

（1）为了保证有机碳氧化完全,如样品测定时所用硫酸亚铁溶液体积小于空白标定所消耗硫酸亚铁溶液体积的三分之一时,须减少称样量重做。

（2）本实验所用方法不宜用于测定含有氯化物的土壤,如土样中含 Cl^- 不多,加些硫酸银可以消除部分干扰,但效果并不理想。若遇到含 Cl^- 多的土壤,可考虑用水洗的办法来解决这一问题。经水洗处理后测出的土壤有机质总量中不包括水溶性有机质组分,应加以说明。

八、思考题

（1）测定土壤有机质还有哪些方法？比较各方法的优缺点。

（2）测定时若土壤有机质含量过高,超出本方法测定上限,该如何处理？

第四章 空气环境质量监测实验

实验一 空气 PM_{10} 和 $PM_{2.5}$ 的测定（重量法）

一、实验目的

(1) 理解并掌握 PM_{10} 和 $PM_{2.5}$ 的含义。
(2) 掌握 PM_{10} 和 $PM_{2.5}$ 的测定方法。

空气 PM_{10} 和 $PM_{2.5}$ 的测定（重量法）

二、实验原理

PM_{10} 是指悬浮在空气中，空气动力学直径小于 $10\mu m$ 的颗粒物。$PM_{2.5}$ 是指悬浮在空气中，空气动力学直径小于 $2.5\mu m$ 的颗粒物。

分别通过具有一定切割特性的采样器，以恒定速度抽取一定量体积的空气，使环境空气中 $PM_{2.5}$ 和 PM_{10} 被截留在已知质量的滤膜上，根据采样前后滤膜的质量差和采样体积，计算 $PM_{2.5}$ 和 PM_{10} 浓度。

本方法的检出限为 $0.010mg/m^3$（以万分位电子天平，样品负载量为 $1mg$，采集 $10^8 m^3$ 空气样品计）。

三、实验仪器与设备

(1) 切割器（图 4-1）。

图 4-1 切割器

① PM_{10}切割器、采样系统:切割粒径 $Da_{50}=(10\pm0.5)\mu m$;捕集效率的几何标准差 $\sigma_g=(1.5\pm0.1)\mu m$。其他性能和技术指标应符合《$PM_{10}$采样器技术要求及检测方法》(HJ/T 93—2003)的规定。

② $PM_{2.5}$切割器、采样系统:切割粒径 $Da_{50}=2.5\pm0.2\mu m$;捕集效率的几何标准差为 $\sigma_g=1.2\pm0.1\mu m$。其他性能和技术指标应符合 HJ/T 93—2003 的规定。

(2) 采样器孔口流量计或其他符合标准技术指标要求的流量计。

① 大流量流量计:量程$(0.8\sim1.4)m^3/min$;误差$<2\%$。

② 中流量流量计(图 4-2):量程$(60\sim125)L/min$;误差$<2\%$。

③ 小流量流量计:量程$<30L/min$;误差$<2\%$。

图 4-2　大气采样器

(3) 滤膜:根据样品采集目的可选用玻璃纤维滤膜、石英滤膜等无机滤膜或聚氯乙烯、聚丙烯、混合纤维素等有机滤膜。滤膜对 $0.3\mu m$ 标准粒子的截留效率不低于 99%。空白滤膜平衡处理至恒重,称量后,放入干燥器中备用。

(4) 万分位电子天平。

(5) 恒温恒湿箱(室):箱(室)内空气温度在 15~30℃ 范围内可调,控温精度±1℃,箱(室)内空气相对湿度应控制在 50%±5%。恒温恒湿箱(室)可连续工作。

(6) 干燥器:内盛变色硅胶。

四、实验步骤

1. 样品采集与保存

(1) 环境空气监测中采样环境及采样频率,按照《环境空气质量手工监测技术规范》(HJ 194—2017)的要求执行。采样时,采样器入口距地面高度不得低于 1.5m。采样不宜在风速大于8m/s等天气条件下进行。采样点应避开污染源及障碍物。如果测定交通枢纽处的PM_{10}和$PM_{2.5}$,采样点应布置在距人行道边缘外侧1m处。

(2) 采用间断采样方式测定日平均浓度时,次数不应少于4次,累积采样时间不应少于18h。

(3) 采样时,将已称重的滤膜用镊子放入洁净采样夹内的滤网上,滤膜毛面应朝进气方向。将滤膜牢固压紧至不漏气。如果测定任何一次浓度,每次须更换滤膜;如测日平均浓度,样品可采集在一张滤膜上。采样结束后,用镊子取出。将有尘面对折两次,放入样品盒或纸袋,并做好采样记录。

(4) 采样后进行滤膜样品称量(滤膜采集后,如不能立即称重,应在4℃条件下冷藏保存)。

2. 测定

将滤膜放在恒温恒湿箱(室)中平衡24h,平衡条件:温度取15～30℃中任何一点,相对湿度控制在45%～55%范围内。记录平衡温度与湿度。在上述平衡条件下,用万分位电子天平称量滤膜,记录滤膜质量。同一滤膜在恒温恒湿箱(室)中相同条件下再平衡1h后称重。对于PM_{10}和$PM_{2.5}$颗粒物样品滤膜,两次质量之差分别小于0.4mg或0.04mg为满足恒重要求。

五、数据记录与处理

(1) $PM_{2.5}$、PM_{10}浓度计算式为

$$c = \frac{w_2 - w_1}{V} \times 1000$$

式中:c表示$PM_{2.5}$或PM_{10}浓度(mg/m³);w_2表示采样后滤膜的质量(g);w_1表示空白滤膜的质量(g);V表示已换算成标准状态(101.325kPa,273K)下的采样体积(m³)。

计算结果保留三位有效数字。

(2) 质量控制和质量保证。

① 采样器每次使用前须进行流量校准。

② 滤膜使用前均须检查,不得有针孔或任何缺陷。滤膜称量时要消除静电的影响。

③ 取清洁滤膜若干张,在恒温恒湿箱(室),按平衡条件平衡24h,称重。每张滤膜非连续称量10次以上,求得的每张滤膜的平均值为该张滤膜的原始质量。以上述滤膜作为"标准滤膜"。每次称滤膜的同时,称量两张标准滤膜。若标准滤膜称出的质量在原始质量±5mg(大流量),±0.5mg(中流量和小流量)范围内,则认为该批样品滤膜称量合格,数据可用。否则应检查称量条件是否符合要求并重新称量该批样品滤膜。

④ 对电机有电刷的采样器,应尽可能在电机由于电刷原因停止工作前更换电刷,

以免采样失败。更换时间视以往情况确定。更换电刷后要重新校准流量。新更换电刷的采样器应在负载条件下运转1h,待电刷与转子的整流子良好接触后,再进行流量校准。

六、注意事项

(1) 检查采样头是否漏气。当滤膜安放正确、采样系统无漏气时,采样后滤膜上颗粒物与四周白边界线应清晰,如出现界限模糊,则表明应更换滤膜密封垫。

(2) 当PM_{10}或$PM_{2.5}$浓度很低时,采样时间不能过短。滤膜上颗粒物负载量应分别大于1mg和0.1mg,以减少称量误差。

(3) 采样前后,滤膜称量应使用同一台万分位电子天平。

七、思考题

为什么要保证滤膜恒温恒湿?如不满足,会对结果造成什么影响?

实验二 空气中氮氧化物的测定（盐酸萘乙二胺分光光度法）

测定空气中氮氧化物的部分流程

一、实验目的

(1) 理解并掌握氮氧化物的含义。
(2) 掌握利用大气采样器及吸收液采集大气样品的操作技术。
(3) 掌握盐酸萘乙二胺分光光度法测定大气中氮氧化物的方法。

二、实验原理

氮氧化物:指空气中以一氧化氮和二氧化氮形式存在的氮的氧化物(以NO_2计)。

Saltzman实验系数:用渗透法制备的二氧化氮校准用混合气体,在采气过程中被吸收液吸收生成的偶氮染料(相当于亚硝酸根的量)与通过采样系统的二氧化氮总量的比值。

氧化系数:空气中的一氧化氮通过酸性高锰酸钾溶液氧化管后,被氧化为二氧化氮且被吸收液吸收生成偶氮染料的量与通过采样系统的一氧化氮的总量之比。

空气中的二氧化氮被串联的第一支吸收瓶中的吸收液吸收并反应生成粉红色偶氮染料。空气中的一氧化氮不与吸收液反应,通过氧化管时被酸性高锰酸钾溶液氧化为二氧化氮,被串联的第二支吸收瓶中的吸收液吸收并反应生成粉红色偶氮染料。生成的偶氮染料在波长 540nm 处的吸光度与二氧化氮的含量成正比。分别测定第一支和第二支吸收瓶中样品的吸光度,计算两支吸收瓶内二氧化氮和一氧化氮的质量浓度,两者之和即为氮氧化物的质量浓度(以 NO_2 计)。

本方法的检出限为 $0.36\mu g/10mL$ 吸收液。当吸收液总体积为 10mL、采样体积为 24L 时,空气中氮氧化物的检出限为 $0.015mg/m^3$。当吸收液总体积为 50mL、采样体积为 288L 时,空气中氮氧化物的检出限为 $0.006mg/m^3$。本方法测定环境空气中氮氧化物的测定范围为 $0.024\sim2.0mg/m^3$。

三、实验仪器与材料

(1) 紫外可见分光光度计。

(2) 大气采样器:流量范围为 $0.1\sim1.0L/min$。当采样流量为 $0.4L/min$ 时,相对误差小于±5%。

(3) 恒温、半自动连续空气采样器:当采样流量为 $0.2L/min$ 时,相对误差小于±5%,能将吸收液温度保持在(20 ± 4)℃。采样连接管线为硼硅玻璃管、不锈钢管、聚四氟乙烯管或硅胶管,内径约为 6mm,尽可能短些,任何情况下管长不得超过 2m,配有朝下的空气入口。

(4) 吸收瓶:可装 10mL、25mL 或 50mL 吸收液的多孔玻板吸收瓶(图 4-3),液柱高度不低于 80mm。吸收瓶的玻板阻力、气泡分散的均匀性及采样效率均要检查。使用棕色吸收瓶或采样过程中吸收瓶外罩黑色避光罩。新的多孔玻板吸收瓶或使用后的多孔玻板吸收瓶,应用(1+1)盐酸浸泡 24h 以上,用清水洗净。

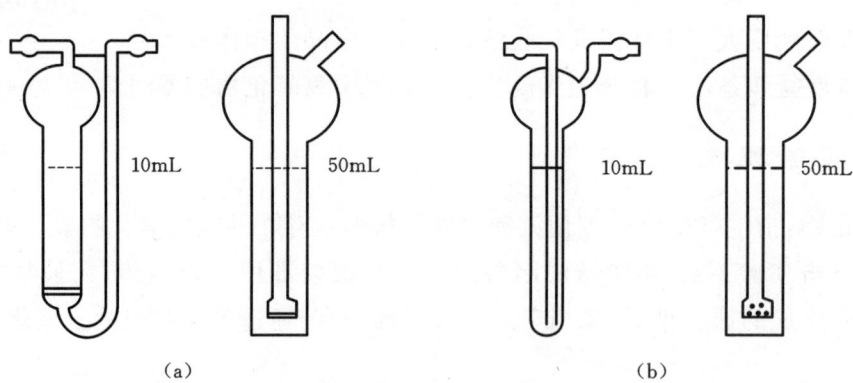

图 4-3 多孔玻板吸收瓶(a)和氧化瓶(b)

(5) 可装 5mL、10mL 或 50mL 酸性高锰酸钾溶液的洗气瓶,液柱高度不能低于 80mm。使用后,用盐酸羟胺溶液浸泡洗涤。

(6) 硅胶干燥瓶:内含变色硅胶干燥剂。

四、实验试剂

除非另有说明,分析时均使用符合国家标准或专业标准的分析纯试剂和无亚硝酸根的蒸馏水、去离子水或相当纯度的水。必要时,实验用水可在全玻璃蒸馏器中以每升水加入 0.5g 高锰酸钾($KMnO_4$)和 0.5g 氢氧化钡[$Ba(OH)_2$]重蒸。

(1) 冰乙酸。

(2) 盐酸羟胺溶液:$c = 0.2 \sim 0.5$ g/L。

(3) 硫酸溶液($c_{1/2H_2SO_4} = 1$ mol/L):取 15mL 浓硫酸($\rho = 1.84$ g/mL),缓慢加到 500mL 水中,搅拌均匀,冷却备用。

(4) 酸性高锰酸钾溶液($c_{KMnO_4} = 25$ g/L):称取 25g 高锰酸钾于 1000mL 烧杯中,加入 500mL 水,稍微加热使其全部溶解,然后加入 1mol/L 硫酸溶液 500mL,搅拌均匀,贮于棕色试剂瓶中。

(5) N-(1-萘基)乙二胺盐酸盐贮备液($c = 1.00$ g/L):称取 0.50g N-(1-萘基)乙二胺盐酸盐($C_{10}H_7NH(CH_2)_2NH_2 \cdot 2HCl$)于 500mL 容量瓶中,用水溶解稀释至标线。此溶液贮于密闭的棕色瓶中,在冰箱中冷藏,可稳定保存 3 个月。

(6) 显色液:称取 5g 对氨基苯磺酸($NH_2C_6H_4SO_3H$)溶解于约 200mL 40~50℃ 热水中,将溶液冷却至室温,全部移入 1000mL 容量瓶中,加入 50mL N-(1-萘基)乙二胺盐酸盐贮备液和 50mL 冰乙酸,用水稀释至标线。此溶液贮于密闭的棕色瓶中,在 25℃ 以下暗处存放可稳定 3 个月。若溶液呈现淡红色,应弃之重配。

(7) 吸收液:使用时将显色液和水按 4∶1(体积分数)比例混合,即为吸收液。吸收液的吸光度应≤0.005。

(8) 亚硝酸盐标准贮备液($c_{NO_2^-} = 250 \mu g$/mL):准确称取 0.375 0g 亚硝酸钠[优级纯,使用前在 (105±5)℃ 干燥恒重]溶于水,移入 1000mL 容量瓶中,用水稀释至标线。此溶液贮于密闭棕色瓶中于暗处存放,可稳定保存 3 个月。

(9) 亚硝酸盐标准工作液($c_{NO_2^-} = 2.5 \mu g$/mL):准确吸取亚硝酸盐标准贮备液 1mL 于 100mL 容量瓶中,用水稀释至标线。临用现配。

五、实验步骤

1. 样品的采集与保存

(1) 短时间采样(1h)。

取两支内装 10mL 吸收液的多孔玻板吸收瓶和一支内装 5~10mL 酸性高锰酸钾溶液的氧化瓶(液柱高度不低于 80mm),用尽量短的硅橡胶管将氧化瓶串联在两支吸收瓶之间,以 0.4L/min 流量采气 4~24L。

(2) 长时间采样(24h)。

取两支大型多孔玻板吸收瓶,装入 25mL 或 50mL 吸收液(液柱高度不低于 80mm),标记液面位置。取一支内装 50mL 酸性高锰酸钾溶液的氧化瓶,按图 4-4、图 4-5 接入采样系统,将吸收液恒温在(20±4)℃,以 0.2L/min 流量采气 288L。

注意:氧化管中有明显的沉淀物析出时,应及时更换;一般情况下,内装 50mL 酸性高锰酸钾溶液的氧化瓶可使用 15～20 d(隔日采样);采样过程中注意观察吸收液颜色变化情况,避免因氮氧化物质量浓度过高而穿透。

(3) 采样要求。

采样前应检查采样系统的气密性,用皂膜流量计进行流量校准。采样流量的相对误差应小于±5%。采样期间,样品运输和存放过程中应避免阳光照射。气温超过 25℃时,长时间(8h 以上)运输和存放样品应采取降温措施。

采样结束后,为防止溶液倒吸,应在采样泵停止抽气的同时,闭合连接在采样系统中的止水夹或电磁阀(图 4-4、图 4-5)。

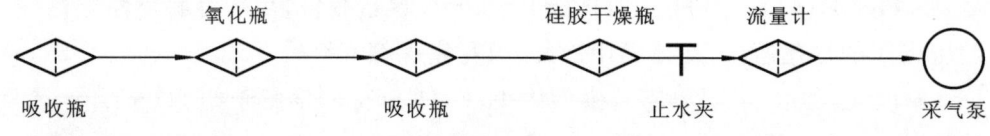

图 4-4 手工采样系列示意图

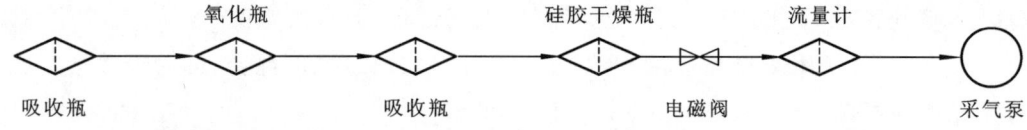

图 4-5 连续自动采样系列示意图

(4) 现场空白。

将装有吸收液的吸收瓶带到采样现场,与样品在相同的条件下保存、运输,直至送交实验室分析,运输过程中应注意防止沾污。要求每次采样至少做 2 个现场空白测试。

(5) 样品的保存。

样品采集、运输及存放过程中应避光保存,样品采集后要尽快分析。若不能及时测定,将样品于低温暗处存放:样品在 30℃暗处存放,可稳定 8h;在 20℃暗处存放,可稳定 24h;于 0～4℃冷藏,至少可稳定 3d。

2. 标准曲线的绘制

取 6 支 10mL 具塞比色管,按表 4-1 制备亚硝酸盐标准溶液系列。根据表 4-1 分别移取相应体积的亚硝酸钠标准工作液,加水 2mL,加入显色液 8.00mL。

表 4-1　亚硝酸盐标准溶液系列

管号	0	1	2	3	4	5
标准工作液/mL	0	0.4	0.8	1.2	1.6	2
水/mL	2	1.6	1.2	0.8	0.4	0.0
显色液/mL	8	8	8	8	8	8
NO_2^- 质量浓度/($\mu g \cdot mL^{-1}$)	0	0.1	0.2	0.3	0.4	0.5

各管混匀,于暗处放置 20min(室温低于 20℃时放置 40min 以上),用 10mm 比色皿,在波长 540nm 处,以水为参比测量吸光度,扣除 0 号管的吸光度以后,对应 NO_2^- 的质量浓度($\mu g/mL$),用最小二乘法计算标准曲线的回归方程。

标准曲线斜率控制在 0.960～0.978 吸光度 $mL/\mu g$,截距控制在 0～0.005 之间(以 5mL 体积绘制标准曲线时,标准曲线斜率控制在 0.180～0.195 吸光度 $mL/\mu g$,截距控制在 ±0.003 之间)。

3. 空白试验

(1) 实验室空白试验:取实验室内未经采样的空白吸收液,用 10mm 比色皿,在波长 540nm 处,以水为参比测定吸光度。实验室空白吸光度在显色规定条件下波动范围不超过 ±15%。

(2) 现场空白测试:测定吸光度。将现场空白和实验室空白的测量结果相对照,若两者相差过大,查找原因,重新采样。

4. 样品测定

采样后放置 20min,室温 20℃以下时放置 40min 以上,用水将采样瓶中吸收液的体积补充至标线,混匀。用 10mm 比色皿,在波长 540nm 处,以水为参比测量吸光度,同时测定空白样品的吸光度。

若样品的吸光度超过标准曲线的上限,应用实验室空白试液稀释,再测定其吸光度,但稀释倍数不得大于 6。

六、数据记录与处理

(1) 空气中二氧化氮质量浓度 ρ_{NO_2}(mg/m^3)计算式为

$$\rho_{NO_2} = \frac{(A_1 - A_0 - a) \times V \times D}{b \times f \times V_0}$$

(2) 空气中一氧化氮质量浓度。

ρ_{NO}(mg/m^3)以二氧化氮(NO_2)计,计算式为

$$\rho_{NO} = \frac{(A_2 - A_0 - a) \times V \times D}{b \times f \times V_0 \times k}$$

ρ'_{NO}（mg/m³）以一氧化氮（NO）计，计算式为

$$\rho'_{NO} = \frac{\rho_{NO} \times 30}{46}$$

（3）空气中氮氧化物的质量浓度 ρ_{NO_x}（mg/m³）以二氧化氮（NO_2）计，计算式为

$$\rho_{NO_x} = \rho_{NO_2} + \rho_{NO}$$

以上各式中：A_1，A_2 表示串联的第一支和第二支吸收瓶中样品的吸光度；A_0 表示实验室空白的吸光度；b 表示标准曲线的斜率，（吸光度 mL/μg）；a 表示标准曲线的截距；V 表示采样用吸收液体积（mL）；V_0 表示换算为标准状态（101.325kPa，273K）下的采样体积（L）；K 表示 NO→NO_2 氧化系数（0.68）；D 表示样品的稀释倍数；f 表示 Saltzman 实验系数，0.88（当空气中二氧化氮质量浓度高于 0.72mg/m³ 时，f 取 0.77）。

七、注意事项

（1）吸收液应避光且不能长时间暴露在空气中，以防光照使吸收液显色或吸收空气中的氮氧化物而使试剂空白值增高。

（2）氧化管适于在相对湿度为 30%～70% 时使用。当相对湿度大于 70% 时，应勤换氧化管；小于 30% 时，则在使用前，用经过水面的潮湿空气通过氧化管，平衡 1h。在使用过程中，应经常注意氧化管内石英砂是否吸湿引起板结或变成绿色。板结会使采样系统阻力增大，影响流量；若变成绿色表示氧化管已失效。各支氧化管的阻力差别应不大于 1.33kPa（即 10mmHg）。

八、思考题

吸收液变成黄棕色是受到了什么污染？

实验三　空气中甲醛的测定（酚试剂分光光度法）

一、实验目的

（1）掌握用酚试剂分光光度法测定大气中甲醛的原理和方法。
（2）熟练掌握便携式甲醛快速测定仪的使用方法。

二、实验原理

空气中的甲醛与酚试剂反应生成嗪，嗪在酸性溶液中被高铁离子氧化形成蓝绿色

化合物。在波长630nm下,以水作参比,用紫外可见分光光度计进行比色定量。采样体积为30mL时,可测大气甲醛浓度范围为0.003~0.03mg/m³。

三、实验仪器与设备

(1) 大型气泡吸收管:出气口内径为1mm,出气口至管底距离≤5mm。

(2) 便携式甲醛快速测定仪(图4-6):流量范围为0~1L/min,流量稳定可调,恒流误差小于2%,采样前和采样后应用皂沫流量计校准采样系列流量,误差小于5%。

(3) 具塞比色管:10mL。

(4) 紫外可见分光光度计。

图4-6 便携式甲醛快速测定仪

四、实验试剂

本法中所用水均为重蒸馏水或去离子水,所用的试剂纯度一般为分析纯。

(1) 吸收液原液:称量0.1g酚试剂[$C_6H_4SN(CH_3)C:NNH_2 \cdot HCl$,简称MBTH],加水溶解,倒于100mL具塞量筒中,加水至标线。放冰箱中保存,可稳定3d。

(2) 吸收液:量取吸收液原液5mL,加95mL水,即为吸收液。采样时,临用现配。

(3) 1%硫酸铁铵溶液:称量1g硫酸铁铵[$NH_4Fe(SO_4)_2 \cdot 12H_2O$]用0.1mol/L盐酸溶解,并稀释至100mL。

(4) 碘溶液[$c_{1/2I_2}=0.1000mol/L$]:称量40g碘化钾,溶于25mL水中,加入12.7g碘。待其完全溶解后,用水定容至1000mL。移入棕色瓶中,暗处贮存。

(5) 氢氧化钠溶液($c_{NaOH}=1mol/L$):称量40g氢氧化钠,溶于水中,并稀释至1000mL。

(6) 硫酸溶液($c_{H_2SO_4}=0.5mol/L$):取28mL浓硫酸缓慢加入水中,冷却后,稀释至1000mL。

(7) 硫代硫酸钠标准溶液[$c_{Na_2S_2O_3}=0.1000mol/L$]:可用从试剂商店购买的当量试剂。

(8) 0.5%淀粉溶液:将0.5g可溶性淀粉用少量水调成糊状后,再加入100mL沸水,并煮沸2~3min至溶液透明。冷却后,加入0.1g水杨酸或0.4g氯化锌保存。

(9) 甲醛标准贮备液:取2.8mL 36%~38%甲醛溶液,放入1L容量瓶中,加水稀释至标线。此溶液1mL约含1mg甲醛。其准确浓度用下述碘量法标定。

甲醛标准贮备液的标定:精确量取20.00mL待标定的甲醛标准贮备液,置于250mL碘量瓶中,加入20mL碘溶液和15mL 1mol/L氢氧化钠溶液,放置15min。加入20mL 0.5mol/L硫酸溶液,再放置15min,用硫代硫酸钠标准溶液滴定,至溶液呈现淡黄色时,加入1mL 0.5%淀粉溶液继续滴定至恰使蓝色褪去为止,记录所用硫代硫酸钠标准溶液体积。同时用水作试剂空白滴定,记录空白滴定所用硫代硫酸钠标准溶液的体积。甲醛溶液的浓度计算式为

$$c=\frac{(V_1-V_2)\times c_1\times 15}{20}$$

式中:c 表示甲醛溶液浓度(mg/mL);V_1 表示试剂空白消耗硫代硫酸钠标准溶液的体积(mL);V_2 表示甲醛标准贮备液消耗硫代硫酸钠标准溶液的体积(mL);c_1 表示硫代硫酸钠标准溶液的准确物质的量浓度(mol/L);15表示甲醛的当量;20表示所取甲醛标准贮备液的体积(mL)。

两次平行滴定,误差应小于0.05mL,否则重新标定。

(10) 甲醛标准溶液:临用时,将甲醛标准贮备液用水稀释成1mL含10μg甲醛的溶液。立即再取此溶液10.00mL,移入100mL容量瓶中,加入5mL吸收液原液,用水定容至100mL,此液1.00mL含1.00μg甲醛,放置30min后,用于配制标准系列溶液。此标准溶液可稳定24h。

五、实验步骤

1. 样品采集

用1个内装5mL吸收液的大型气泡吸收管,以0.5L/min流量,采气10L。并记录采样点的温度和大气压力。采样后样品在室温下应于24h内分析。

2. 标准曲线的绘制

取10mL具塞比色管,用甲醛标准溶液按表4-2制备标准系列溶液。

表4-2 甲醛标准系列溶液

管号	0	1	2	3	4	5	6	7	8
标准溶液/mL	0	0.1	0.2	0.4	0.6	0.8	1	1.5	2
吸收液/mL	5	4.9	4.8	4.6	4.4	4.2	4	3.5	3
甲醛含量/(μg·mL^{-1})	0	0.1	0.2	0.4	0.6	0.8	1	1.5	2

各管中,加入 0.4mL 1%硫酸铁铵溶液,摇匀,放置 15min。用 10mm 比色皿,在波长 630nm 下,以水作参比,测定各管溶液的吸光度。以甲醛含量为横坐标、吸光度为纵坐标,绘制标准曲线,并计算回归线斜率,以斜率倒数作为样品测定的计算因子 B_g(μg/吸光度)。

3. 样品测定

采样后,将样品溶液全部转入比色管中,用少量吸收液洗吸收管,合并使总体积为 5mL,按绘制标准曲线的操作步骤测定吸光度(A);在每批样品测定的同时,用 5mL 未采样的吸收液做试剂。

六、数据记录与处理

(1) 将采样体积按下式换算成标准状态下采样体积:

$$V_0 = V_t \times \frac{T_0}{273+T} \times \frac{P}{P_0}$$

式中:V_0 表示标准状态下的采样体积(L);V_t 表示采样体积(L),为采样流量与采样时间乘积;T 表示采样点的气温(℃);T_0 表示标准状态下的绝对温度(273K);P 表示采样点的大气压(kPa);P_0 表示标准状态下的大气压(101kPa)。

(2) 空气中甲醛浓度计算式为

$$c = \frac{(A-A_0) \times B_g}{V_0}$$

式中:c 表示空气中甲醛浓度(mg/m³);A 表示样品溶液的吸光度;A_0 表示空白溶液的吸光度;B_g 表示计算因子(μg/吸光度);V_0 表示换算成标准状态下的采样体积(L)。

七、注意事项

(1) 加标回收率:当出现严重大气污染时应进行样品加标回收率的测定,以排除外界干扰。5mL 样品溶液中加入 0.246g 甲醛时,平均加标回收率应为 95%~105%。

(2) 现场空白检验:进行现场采样时,应同时作现场空白检验。样品分析时测得的现场空白值与标准曲线的零浓度值即试剂空白值进行比较,相对偏差应不大于 50%。若现场空白值超过此控制范围,则这批样品作废,重新进行现场采样。

八、思考题

(1) 甲醛的测定会受什么气体的干扰?如何消除干扰?

(2) 硫酸铁铵的作用是什么?

实验四　空气中氨的测定（水杨酸分光光度法）

一、实验目的

（1）理解空气中氨的含义。
（2）掌握水杨酸分光光度法测定空气中氨浓度的方法。

二、实验原理

氨被稀硫酸吸收液吸收后，生成硫酸铵。在亚硝基铁氰化钠的存在下，铵离子与水杨酸和次氯酸钠反应生成蓝色络合物，在波长697nm处测定吸光度。吸光度与氨的含量成正比，根据吸光度可计算氨的含量。

本方法的检出限为 0.1μg/10mL 吸收液。当吸收液总体积为 10mL、采样体积为 1～4L 时，氨的检出限为 0.025mg/m^3，测定下限为 0.10mg/m^3，测定上限为 12mg/m^3。当吸收液总体积为 10mL、采样体积为 25L 时，氨的检出限为 0.004mg/m^3，测定下限为 0.016mg/m^3。

三、实验仪器与材料

（1）气体采样泵：流量范围为 0.1～1.0L/min。
（2）大型气泡式吸收管：10mL。
（3）具塞比色管：10mL。
（4）紫外可见分光光度计。
（5）干燥管：内装变色硅胶或玻璃棉。

四、实验试剂

除非另有说明，分析时所用试剂均为符合国家标准的分析纯化学试剂。实验用水为无氨水。

（1）无氨水：在无氨环境中用下述方法之一制备。
① 离子交换法：将蒸馏水通过一个强酸性阳离子交换树脂（氢型）柱，流出液收集在磨口玻璃瓶中。每升流出液中加 10g 强酸性阳离子交换树脂（氢型），以利保存。
② 蒸馏法：在 1000mL 蒸馏水中加入 0.1mL 浓硫酸，在全玻璃蒸馏器中重蒸馏。弃去前 50mL 馏出液，然后将约 800mL 馏出液收集在磨口玻璃瓶中。每升收集的馏出液中加入 10g 强酸性阳离子交换树脂（氢型），以利保存。
③ 纯水器法：用市售纯水器临用前制备。

(2) 浓硫酸：$\rho=1.84\mathrm{g/mL}$。

(3) 硫酸吸收液（$c_{1/2\ H_2SO_4}=0.005\mathrm{mol/L}$）：量取 2.8mL 浓硫酸加入水中，并稀释至 1L，配得 0.1mol/L 的贮备液。临用时再稀释 20 倍。

(4) 水杨酸-酒石酸钾钠溶液：称取 10g 水杨酸[$C_6H_4(OH)COOH$]置于 150mL 烧杯中，加适量水，再加入 5mol/L 氢氧化钠溶液 15mL，搅拌使之完全溶解。另称取 10g 酒石酸钾钠（$KNaC_4H_6O_6\cdot 4H_2O$），溶于水中，加热煮沸以除去氨，冷却后，与上述溶液合并移入 200mL 容量瓶中，用水稀释至标线，摇匀。此溶液 pH 值为 6.0～6.5，在 2～5℃于棕色瓶中可以稳定 1 个月。

(5) 亚硝基铁氰化钠溶液（$c=10\mathrm{g/L}$）：称取 0.1g 亚硝基铁氰化钠{$Na_2[Fe(CN)_5NO]\cdot 2H_2O$}，置于 10mL 具塞比色管中，加水使之溶解，定容至标线。临用现配。

(6) 次氯酸钠：可购买商品试剂，亦可以自己制备。存放于塑料瓶中的次氯酸钠溶液（原液），每次使用前应标定其有效氯浓度和游离碱浓度（以 NaOH 计）。

(7) 氢氧化钠溶液（$c_{NaOH}=2\mathrm{mol/L}$）：称取 8g 氢氧化钠，溶于 100mL 水中。

(8) 次氯酸钠使用液（$c_{有效氯}=3.5\mathrm{g/L}$，$c_{游离碱}=0.75\mathrm{mol/L}$）：取适量经标定的次氯酸钠，用水和 2mol/L 氢氧化钠溶液稀释成含有效氯浓度为 3.5g/L、游离碱浓度为 0.75mol/L（以 NaOH 计）的次氯酸钠使用液（根据标定结果计算需要的稀释倍数或需要补加的氢氧化钠的体积），存放于棕色滴瓶内。本试剂可稳定 1 周。

(9) 氯化铵标准贮备液（$c=1000\mu\mathrm{g/mL}$）：称取 0.785 5g 氯化铵（NH_4Cl，优级纯，在 100～105℃干燥 2h）溶于水中，移入 250mL 容量瓶中，用水稀释至标线，可在 2～5℃保存 1 个月。

(10) 氯化铵标准使用液（$c=1000\mu\mathrm{g/mL}$）：吸取氯化铵标准贮备液 5mL，于 500mL 容量瓶中，用水稀释到标线。临用现配。

五、实验步骤

1. 样品的采集与保存

(1) 吸收管的准备：应选择气密性好、阻力和吸收效率合格的吸收管清洗干净并烘干备用。在采样前装入硫酸吸收液并密封避光保存。

(2) 样品采集：采样系统由干燥管、吸收管和气体采样泵组成，吸收管中装有 10mL 硫酸吸收液。采样时应带采样全程空白采样管。

恶臭源厂界采样：以 1.0L/min 的流量，采气 1～4L，采样时注意恶臭源下风向，在恶臭感觉强烈时捕集样品。

环境空气采样：以 0.5～1.0L/min 的流量，采气至少 45min。

(3) 样品保存：采样后应尽快分析，以防止样品吸收空气中的氨。若不能立即分析,2~5℃可保存7d。

2. 标准曲线的绘制

取7支具塞10mL比色管,按表4-3制备标准系列。

表4-3 标准系列

管号	0	1	2	3	4	5	6
标准溶液/mL	0	0.2	0.4	0.6	0.8	1	1.2
氨含量/μg	0	2	4	6	8	10	12

各管用水稀释至10mL,分别加入1.00mL水杨酸-酒石酸钾钠溶液、2滴亚硝基铁氰化钠溶液、2滴次氯酸钠使用液,摇匀,放置1h。用10mm比色皿,于波长697nm处,以水为参比,测定吸光度。以扣除试剂空白的吸光度为纵坐标、氨含量(μg)为横坐标,绘制标准曲线。

3. 样品测定

采样后补加适量水,将样品溶液定容至10mL。准确吸取一定量的样品溶液(吸取量视样品浓度而定)于10mL比色管中,用硫酸吸收液稀释至10mL,加入1mL水杨酸-酒石酸钾钠溶液、2滴亚硝基铁氰化钠溶液、2滴次氯酸钠使用液,摇匀,放置1h。用10mm比色皿,于波长697nm处,以水为参比,测定吸光度。

4. 空白试验

(1) 吸收液空白:用与样品同批配制的吸收液代替样品,测定吸光度。

(2) 采样全程空白:即在采样管中加入与样品同批配制的相应体积的吸收液,带到采样现场、未经采样的吸收液,按上述方法测定吸光度。

六、数据记录与处理

(1) 氨的浓度计算式为

$$c_{NH_3} = \frac{(A - A_0 - a) \times V_s}{b \times V_{nd} \times V_0}$$

式中:c_{NH_3}表示氨浓度(mg/m^3);A表示样品溶液的吸光度;A_0表示与样品同批配制的吸收液空白的吸光度;a表示标准曲线截距;b表示标准曲线斜率;V_s表示样品溶液的总体积(mL);V_0表示分析时所取样品溶液的体积(mL);V_{nd}表示所采气样标准状态下(101.325 kPa,273K)体积(L)。

其中气体标准状态下的体积V_{nd}计算式为

$$V_{nd} = \frac{V \times P \times 273}{101.325 \times (273 + T)}$$

式中:V 表示采样体积(L);P 表示采样时大气压(kPa);T 表示采样温度(℃)。

(2) 质量保证和质量控制。

① 无氨水的检查:以水代替样品测定吸光度,空白吸光度值应不超过 0.030(10mm 比色皿),否则检查水和试剂的纯度。

② 采样全程空白:用于检查样品采集、运输、贮存过程中样品是否被污染。如果采样全程空白明显高于同批配制的吸收液空白,则同批次采集的样品作废。

③ 采样泵的正确使用:开启采样泵前,确认采样系统连接正确,采样泵的进气口端通过干燥管或缓冲管与采样管的出气口相连,如果接反会导致酸性吸收液倒吸,污染和损坏仪器。万一出现倒吸的情况,应及时将流量计拆下来,用酒精清洗、干燥,并重新安装,经流量校准合格后方可继续使用。

④ 防止吸收管被污染:为避免吸收管中的吸收液被污染,运输和贮存过程中勿将吸收管倾斜或倒置,并及时更换吸收管的密封接头。

七、注意事项

有机氨浓度大于 $1mg/m^3$ 时对测定有干扰,不适用于本方法。

八、思考题

(1) 室内空气中氨的主要来源有哪些?
(2) 空气中氨浓度过高会对人类健康会产生哪些影响?

实验五 空气中一氧化碳的测定(非色散红外吸收法)

一、实验目的

掌握非色散红外吸收法测定一氧化碳的原理和操作方法。

二、实验原理

样品空气以恒定的流量通过颗粒物过滤器进入仪器反应室,一氧化碳选择性吸收以 $4.7\mu m$ 为中心波段的红外光,在一定的浓度范围内,红外光吸光度与一氧化碳浓度成正比。当使用仪器量程为 $0\sim50\mu mol/mol$ 时,本方法仪器检出限为 $0.07mg/m^3$,测定下限为 $0.28mg/m^3$。

三、实验仪器与材料

(1) 进样管路:应为不与一氧化碳发生化学反应的聚四氟乙烯、氟化聚乙烯丙烯、不锈钢或硼硅酸盐玻璃等材质。

(2) 颗粒物过滤器:安装在采样总管与仪器进样口之间。过滤器除滤膜外的其他部分应为不与一氧化碳发生化学反应的聚四氟乙烯、氟化聚乙烯丙烯、不锈钢或硼硅酸盐玻璃等材质。仪器如有内置颗粒物过滤器,则不需要外置颗粒物过滤器。

(3) 一氧化碳测定仪:性能指标应符合《环境空气气态污染物(SO_2、NO_2、O_3、CO)连续自动监测系统技术要求及检测方法》(HJ 654—2013)的要求。

(4) 滤膜:材质为聚四氟乙烯,孔径≤5μm。

四、实验试剂

(1) 零气:零气由零气发生装置产生,也可由零气钢瓶提供,零气的性能指标应符合 HJ 654—2013 的要求。如果使用合成空气,其中氧的浓度应为合成空气的 20.9%±2%。

(2) 标准气体:有证标准物质,单位为 μmol/mol。

五、实验步骤

1. 仪器的安装调试

新购置的仪器安装后应依据操作手册设置各项参数,进行调试。调试指标包括零点噪声、最低检出限、量程噪声、示值误差、量程精密度、24h 零点漂移和 24h 量程漂移。调试方法和指标参照《环境空气气态污染物(SO_2、NO_2、O_3、CO)连续自动监测系统安装和验收技术规范》(HJ 193—2013)。

2. 检查

仪器运行过程中需要进行零点检查、量程检查和线性检查,检查方法参照《环境空气气态污染物(SO_2、NO_2、O_3、CO)连续自动监测系统运行和质控技术规范》(HJ 818—2018)中附录 B。如果检查结果不合格,须对仪器进行校准,必要时对仪器进行维修。

3. 校准

(1) 确定仪器量程:仪器量程应根据当地不同季节一氧化碳实际浓度水平确定。当一氧化碳浓度低于量程的 20% 时,应选择更低的量程。

(2) 校准步骤:①将零气通入仪器,读数稳定后,调整仪器输出值等于零;②将浓度为量程 80% 的标准气体通入仪器,读数稳定后,调整仪器输出值等于标准气体浓度值。

4. 样品的测定

将样品空气通入仪器,进行自动测定并记录一氧化碳浓度。

六、数据记录与处理

(1) 一氧化碳的质量浓度计算式为

$$\rho = \frac{28}{24.5} \times \varphi$$

式中:ρ 表示一氧化碳的质量浓度(mg/m^3);28 表示一氧化碳的摩尔质量(g/mol);24.5 表示参比状态下一氧化碳的摩尔体积(L/mol);φ 表示一氧化碳的体积浓度($\mu mol/mol$)。

测定结果的小数位数与检出限一致,最多保留三位有效数字。

(2) 质量保证和质量控制。

① 仪器零点检查、量程检查、线性检查、流量检查、校准的频次和指标参照 HJ 818—2018。

② 颗粒物过滤器的滤膜支架每半年至少清洁一次;滤膜一般每两周更换一次,颗粒物浓度较高地区或浓度较高时段,应视滤膜实际污染情况加大更换频次。

③ 采样支管每月应进行气密性检查,每半年清洗一次,必要时更换。

七、注意事项

(1) 更换采样系统部件和滤膜后,应以正常流量采集至少 10min 样品空气,进行饱和吸附处理,其间产生的测定数据不作为有效数据。该处理过程也可在实验室内进行。

(2) 水蒸气会对测定产生干扰,可通过冷却或窄带滤光器去除。

(3) 当环境空气中二氧化碳质量浓度为 610mg/m^3 时,产生的干扰相当于 0.2mg/m^3 的一氧化碳,如有必要,可用碱石灰去除。

(4) 一般情况下,环境空气中的碳氢化合物对一氧化碳测定无干扰。当环境空气中甲烷质量浓度为 326mg/m^3 时,产生的干扰相当于 0.6mg/m^3 的一氧化碳。

八、思考题

(1) 测定一氧化碳的质量浓度还有其他方法吗?请举例回答。

(2) 体积分数(10^{-6})和质量浓度 mg/m^3 在定义上有何区别?

实验六 空气中二氧化硫的测定(紫外荧光法)

一、实验目的

(1) 理解空气中二氧化硫的含义。
(2) 掌握大气采样器以及吸收液采样大气样品的操作技术。

二、实验原理

样品空气以恒定的流量通过颗粒物过滤器进入仪器反应室,二氧化硫分子受波长为200~220nm的紫外光照射后产生激发态二氧化硫分子,返回基态过程中发出波长为240~420nm的荧光,在一定浓度范围内样品空气中二氧化硫浓度与荧光强度成正比。当使用仪器量程为(0~500)nmol/mol时,本方法参比状态下检出限为$3\mu g/m^3$,测定下限为$12\mu g/m^3$;标准状态下方法检出限为$3\mu g/m^3$,测定下限为$12\mu g/m^3$。

三、实验仪器与材料

(1) 进样管路:应为不与二氧化硫发生化学反应的聚四氟乙烯、氟化聚乙烯丙烯、不锈钢或硼硅酸盐玻璃等材质。
(2) 颗粒物过滤器:安装在采样总管与仪器进样口之间。颗粒物过滤器除滤膜外的其他部分应为不与二氧化硫发生化学反应的聚四氟乙烯、氟化聚乙烯丙烯、不锈钢或硼硅酸盐玻璃等材质。仪器如有内置颗粒物过滤器,则不需要外置颗粒物过滤器。
(3) 二氧化硫测定仪:性能指标应符合 HJ 654—2013 的要求。
(4) 滤膜:材质为聚四氟乙烯,孔径≤$5\mu m$。

四、实验试剂

(1) 零气:零气由零气发生装置产生,也可由零气钢瓶提供,零气的性能指标应符合 HJ 654—2013 的要求。如果使用合成空气,其中氧的浓度应为合成空气的 20.9%±2.0%。
(2) 标准气体:二氧化硫有证标准物质,单位为 $\mu mol/mol$。

五、实验步骤

1. 仪器的安装调试

新购置的仪器安装后应依据操作手册设置各项参数,进行调试。调试指标包括零点噪声、最低检出限、量程噪声、示值误差、量程精密度、24h 零点漂移和 24h 量程漂移。

调试的检测方法和指标参照 HJ 193—2013。

2. 检查

仪器运行过程中需要进行零点检查、量程检查和线性检查,如果检查结果不合格,须对仪器进行校准,必要时对仪器进行维修。仪器维修完成后,应进行线性检查,并对仪器进行重新校准。

3. 校准

(1) 确定仪器量程:仪器量程应根据当地不同季节二氧化硫实际浓度水平确定。当二氧化硫浓度低于量程的 20% 时,应选择更低的量程。

(2) 校准步骤:① 将零气通入仪器,读数稳定后,将仪器输出值调整为零;② 将浓度为量程 80% 的标准气体通入仪器,读数稳定后,调整仪器输出值等于标准气体浓度值。

4. 样品的测定

将样品空气通入仪器,进行自动测定并记录二氧化硫的体积浓度。

六、数据记录与处理

当用于环境空气质量监测、无组织排放监测或室内空气质量监测时,应分别按照相应质量标准和排放标准要求的状态进行结果计算。

(1) 二氧化硫的质量浓度计算式为

$$\rho = \frac{64}{V_m} \times \varphi$$

式中:ρ 表示二氧化硫的质量浓度($\mu g/m^3$);64 表示二氧化硫的摩尔质量(g/mol);V_m 表示二氧化硫的摩尔体积,标准状态下为 22.4,参比状态下为 24.5(L/mol);φ 表示二氧化硫的体积浓度(nmol/mol)。

测定结果保留整数位,用于空气质量评价的监测数据统计方法按照《环境空气质量评价技术规范(试行)》(HJ 663—2013)执行。

(2) 质量保证和质量控制。

① 仪器零点检查、量程检查、线性检查、流量检查、校准的频次和指标参照 HJ 818—2018。

② 颗粒物过滤器的滤膜支架每半年至少清洁一次;滤膜一般每两周更换一次,颗粒物浓度较高地区或浓度较高时段,应视滤膜实际污染情况加大更换频次。

③ 进样管路每月应进行气密性检查,每半年清洗一次,必要时更换。

七、注意事项

更换采样系统部件和滤膜后,应以正常流量采集至少 10min 样品空气,进行饱和吸附处理,其间产生的测定数据不作为有效数据。该处理过程也可在实验室内进行。

八、思考题

测定大气中二氧化硫的方法有哪几种？比较各方法的优缺点。

第五章　环境噪声监测实验

实验一　城市交通噪声监测

一、实验目的

(1) 掌握噪声测量仪器的使用方法。
(2) 评价城市交通噪声总体水平并对城市声环境状况的年度变化规律和变化趋势进行分析。

噪声的测定

二、术语及定义

(1) 城市声环境常规监测:也称例行监测,是指为掌握城市声环境质量状况,环境保护部门所开展的区域声环境监测、道路交通声环境监测和功能区声环境监测(分别简称区域监测、道路交通监测和功能区监测)。

(2) 城市道路:城市范围内具有一定技术条件和设施的道路,主要为城市快速路、城市主干路、城市次干路、含轨道交通走廊的道路及穿过城市的高速公路。

(3) 城市规模:通常指城市的人口数量,按市区常住人口计,巨大城市为大于1000万人,特大城市为300万人～1000万人(含),大城市为100万人～300万人(含),中等城市为50万人～100万人(含),小城市为小于或等于50万人。

(4) 功能区:根据《声环境功能区划分技术规范》(GB/T 15190—2014)所划分的城市各类环境噪声适用区。

(5) 大型车:参考《道路交通管理　机动车类型》(GA 802—2019),指车长大于或等于6m或者乘坐人数大于或等于20人的载客汽车,以及总质量大于或等于12t的载货汽车和挂车。

(6) 中小型车:参考GA 802—2019,指车长小于6m且乘坐人数小于20人的载客汽车,总质量小于12t的载货汽车和挂车,以及摩托车。

(7) 昼间、夜间:根据《中华人民共和国环境噪声污染防治法》,"昼间"是指6:00至22:00之间的时段;"夜间"是指22:00至次日6:00之间的时段。县级以上人民政府为环境噪声污染防治的需要(如考虑时差、作息习惯差异等)而对昼间、夜间的划分另有规定的,应按其规定执行。

三、实验仪器

普通声级计(图 5-1)。

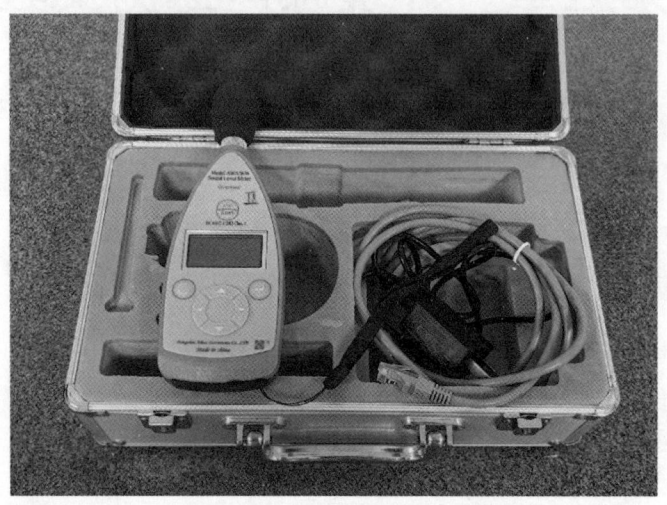

图 5-1　声级计

四、实验内容

1. 区域声环境监测

(1) 区域监测的目的。

评价整个城市环境噪声的总体水平;分析城市声环境状况的年度变化规律和变化趋势。

(2) 区域监测的点位设置。

将整个城市建成区划分成多个等大的正方形网格(如 1000m×1000m),对于未连成片的建成区,正方形网格可以不相互连接。网格中水面面积或无法监测的区域(如禁区)面积占网格总面积的 100% 及非建成区面积大于 50% 的网格为无效网格。整个城市建成区有效网格总数应大于 100 个。

在每一个网格的中心布设 1 个监测点位。若网格中心点不宜测量(如水面、禁区、马路行车道等),应将监测点位移动到距离中心点最近的可测量位置后再进行测量。测点位置要符合《声环境质量标准》(GB 3096—2018)中测点选择一般户外的要求。监测点位高度为距地面 1.2~4.0m。

(3) 区域监测的频次、时间与测量量。

昼间监测每年 1 次,监测工作应在昼间正常工作时段内进行,并应覆盖整个工作时段。

夜间监测每五年 1 次,在每个五年规划的第三年监测,监测从夜间起始时间开始。

监测工作应安排在每年的春季或秋季,每个城市监测日期应相对固定,监测应避开节假日和非正常工作日。

每个监测点位测量 10min 的等效连续 A 声级 L_{eq}(简称等效声级),记录累积百分声级 L_{10}、L_{50}、L_{90}、L_{max}、L_{min} 和标准偏差(SD)。

(4) 区域监测的结果与评价。

① 计算整个城市环境噪声总体水平。将整个城市全部网格测点测得的等效声级分为昼间等效声级和夜间等效声级,按下式进行算术平均运算,所得到的昼间平均等效声级 $\overline{S}_d$ 和夜间平均等效声级 $\overline{S}_n$ 代表该城市昼间和夜间的环境噪声总体水平。

$$\overline{S} = \frac{1}{n}\sum_{i=1}^{n} L_i$$

式中:$\overline{S}$ 表示城市区域昼间平均等效声级($\overline{S}_d$)或夜间平均等效声级($\overline{S}_n$)[dB(A)];L_i 表示第 i 个网格测得的等效声级[dB(A)];n 表示有效网格总数。

② 城市区域环境噪声总体水平按表 5-1 进行评价。

表 5-1　城市区域环境噪声总体水平等级划分　　　　　单位:dB(A)

等级	一级	二级	三级	四级	五级
昼间平均等效声级	≤50.0	50.1~55.0	55.1~60.0	60.1~65.0	>65.0
夜间平均等效声级	≤40.0	40.1~45.0	45.1~50.0	50.1~55.0	>55.0

城市区域环境噪声总体水平等级"一级"至"五级"可分别对应评价为"好""较好""一般""较差"和"差"。

2. 道路交通声环境监测

(1) 道路交通监测的目的。

反映道路交通噪声源的噪声强度;分析道路交通噪声声级与车流量、路况等的关系及变化规律;分析城市道路交通噪声的年度变化规律和变化趋势。

(2) 道路交通监测的点位设置。

① 选点原则:能反映城市建成区内各类道路(城市快速路、城市主干路、城市次干路、含轨道交通走廊的道路及穿过城市的高速公路等)交通噪声排放特征;能反映不同道路特点(考虑车辆类型、车流量、车辆速度、路面结构、道路宽度、敏感建筑物分布等)交通噪声排放特征。

道路交通噪声监测点位数量:巨大、特大城市≥100 个;大城市≥80 个;中等城市≥50

个;小城市≥20个。一个测点可代表一条或多条距离相近的道路。根据各类道路的路长比例分配点位数量。

②测点选在路段两路口之间,距任一路口的距离大于50m,路段不足100m的选路段中点,测点位于人行道上距路面(含慢车道)20cm处,监测点位高度为距地面1.2～6.0m。测点应避开非道路交通源的干扰,传声器指向被测声源。

(3) 道路交通监测的频次、时间与测量量。

昼间监测每年1次,监测工作应在昼间正常工作时段内进行,并应覆盖整个工作时段。

夜间监测每五年1次,在每个五年规划的第三年监测,监测从夜间起始时间开始。

监测工作应安排在每年的春季或秋季,每个城市监测日期应相对固定,监测应避开节假日和非正常工作日。

每个测点测量20min等效声级L_{eq},记录累积百分声级L_{10}、L_{50}、L_{90}、L_{max}、L_{min}和标准偏差(SD),分类(大型车、中小型车)记录车流量。

(4) 道路交通监测的结果与评价。

监测数据应按规定的内容记录,监测统计结果按规定的内容上报。

将道路交通噪声监测的等效声级采用路段长度加权算术平均法,城市道路交通噪声平均值计算式为

$$\overline{L} = \frac{1}{l}\sum_{i=1}^{n}(l_i \times L_i)$$

式中:$\overline{L}$表示道路交通昼间平均等效声级($\overline{L}_d$)或夜间平均等效声级($\overline{L}_n$)[dB(A)];l表示监测的路段总长(m),$l = \sum_{i=1}^{n} l_i$;l_i表示第i测点代表的路段长度(m);L_i表示第i测点测得的等效声级[dB(A)]。

道路交通噪声平均值的强度级别按表5-2进行评价。

表5-2 道路交通噪声强度等级划分　　　　　　　　　　　单位:dB(A)

等级	一级	二级	三级	四级	五级
昼间平均等效声级	≤68.0	68.1～70.0	70.1～72.0	72.1～74.0	>74.0
夜间平均等效声级	≤58.0	58.1～60.0	60.1～62.0	62.1～64.0	>64.0

道路交通噪声强度等级"一级"至"五级"可分别对应评价为"好""较好""一般""较差"和"差"。

3. 功能区声环境监测

(1) 功能区监测的目的。

评价声环境功能区监测点位的昼间和夜间达标情况；反映城市各类功能区监测点位的声环境质量随时间的变化状况。

(2) 功能区监测的点位设置。

功能区监测采用 GB 3096—2018 附录 B 中的定点监测法。

按照 GB 3096—2018 附录 B 中的普查监测法，在各类功能区粗选出其等效声级与该功能区平均等效声级无显著差异、能反映该类功能区声环境质量特征的测点若干个，再根据如下原则确定本功能区定点监测点位：能满足监测仪器测试条件，安全可靠；监测点位能保持长期稳定；能避开反射面和附近的固定噪声源；监测点位应兼顾行政区划分；4 类声环境功能区选择有噪声敏感建筑物的区域。监测点位距地面高度在 1.2m 以上。

功能区监测点位数量：巨大、特大城市 $\geqslant 20$ 个；大城市 $\geqslant 15$ 个；中等城市 $\geqslant 10$ 个；小城市 $\geqslant 7$ 个。各类功能区监测点位数量比例按照各自城市功能区面积比例确定。

(3) 功能区监测的频次、时间与测量量。

每季度监测 1 次，各城市每次监测日期应相对固定。

每个监测点位每次连续监测 24h，记录小时等效声级 L_{eq}、小时累积百分声级 L_{10}、L_{50}、L_{90}、L_{max}、L_{min} 和标准偏差（SD）。

监测应避开节假日和非正常工作日。

(4) 功能区监测的结果与评价。

监测数据应按规定的内容记录。监测统计结果按规定的内容上报。

将某一功能区昼间连续 16 h 和夜间 8 h 测得的等效声级分别进行能量平均，昼间等效声级和夜间等效声级计算式为

$$L_d = 10\log\left(\frac{1}{16}\sum_{i=1}^{16} 10^{0.1L_i}\right)$$

$$L_n = 10\log\left(\frac{1}{8}\sum_{i=1}^{8} 10^{0.1L_i}\right)$$

式中：L_d 表示昼间等效声级[dB（A）]；L_n 表示夜间等效声级[dB（A）]；L_i 表示昼间或夜间小时等效声级[dB（A）]。

各监测点位昼间、夜间等效声级，按照 GB 3096—2018 中相应的环境噪声限值进行独立评价。

各功能区按监测点次分别统计昼间、夜间达标率。

功能区声环境质量时间分布图：以每小时测得的等效声级为纵坐标、时间序列为横

坐标,绘制24h的声级变化图形,用于表示功能区监测点位环境噪声的时间分布规律;同一点位或同一类功能区绘制总体时间分布图时,小时等效声级采用对应小时算术平均的方法计算。

4. 监测点位调整

城市声环境常规监测点位的位置与高度一经确定不能随意改动。当所设点位现状发生改变,已不符合点位布设要求时在数据报送时注明。

监测点位原则上每五年调整1次。城市建成区面积扩大,需要调整点位时,应在尽量保留原监测点位的前提下外延加设点位。当城市建成区面积扩大超过50%时,可重新布设监测点位。

监测点位审批按相关规定执行。

执行新调整点位的起始时间为每个五年规划的第一年。

五、数据记录与处理

(1) 对所测量的数据进行分析,汇总成城市声环境监测报告,报告主要包括下列内容:概略性描述监测工作概况以及声环境监测结果;区域声环境监测结果与评价;道路交通声环境监测结果与评价;功能区声环境监测结果与评价;相关分析;结论。

(2) 质量保证与质量控制。

① 噪声监测的测量仪器精度、气象条件和采样方式等应符合 GB 3096—2018 的相应要求。

② 噪声测量仪器在每次测量前后应于现场用声校准器进行声校准,其前、后校准示值偏差不应大于 0.5dB(A),否则测量无效。测量时若须使用延伸电缆,应将测量仪器与延伸电缆一起进行校准。

③ 监测点位可按本方法布设,不应为降低测量值人为选择测量点位。

④ 城市声环境常规监测应在规定时间内进行,不得挑选监测时间或随意暂停监测。区域监测和功能区监测过程中,凡是自然社会可能出现的声音(如叫卖声、说话声、小孩哭声、鸣笛声等),均不应予以排除。

⑤ 有条件的城市应实施功能区自动监测,实施功能区声环境自动监测的城市,上报每季度第二个月第 10 日(正常工作日)的监测数据,如数据不符合监测条件的顺延报下一天的监测数据,待出台噪声自动监测规范后按其相关要求报数。

⑥ 如城市规模小,不具备最低布设点位要求的,点位数量可相应减少。

六、思考题

(1) 等效声级的作用是什么?

(2) 为什么监测点位距地面的高度为 1.2m 以上?

实验二　社会生活环境噪声监测

一、实验目的

(1) 掌握社会生活环境噪声的定义与分类。
(2) 熟练掌握社会生活环境噪声的测量方法。

二、术语及定义

(1) 社会生活噪声：指营业性文化娱乐场所和商业经营活动中使用的设备、设施产生的噪声。

(2) 噪声敏感建筑物：指医院、学校、机关、科研单位、住宅等需要保持安静的建筑物。

(3) A 声级：用 A 计权网络测得的声压级，用 L_A 表示，单位为 dB(A)。

(4) 等效连续 A 声级：简称等效声级，指在规定测量时间 T 内 A 声级的能量平均值，用 $L_{Aeq,T}$ 表示（简写为 L_{eq}），单位为 dB(A)。除特别指明外，本方法中噪声限值皆为等效声级。

根据定义，等效声级表示为

$$L_{eq} = 10\log\left(\frac{1}{T}\int_0^T 10^{0.1 \cdot L_A} dt\right)$$

式中：L_A 表示 t 时刻的瞬时 A 声级；T 表示规定的测量时间段。

(5) 边界：由法律文书（如土地使用证、房产证、租赁合同等）中确定的业主所拥有使用权（或所有权）的场所或建筑物的边界。各种产生噪声的固定设备、设施的边界为其实际占地的边界。

(6) 背景噪声：被测量噪声源以外的声源发出的环境噪声的总和。

(7) 倍频带声压级：采用符合《倍频程和分数倍频程滤波器》(GB/T 3241—2010) 规定的倍频程滤波器所测量的频带声压级，其测量带宽和中心频率成正比。本方法采用的室内噪声频谱分析倍频带中心频率为 31.5Hz、63Hz、125Hz、250Hz、500Hz，其覆盖频率范围为 22~707Hz。

三、实验仪器与设备

普通声级计。

四、实验内容

1. 测量条件

（1）气象条件：测量应在无雨雪、无雷电天气，风速为 5m/s 以下时进行。不得不在特殊气象条件下测量时，应采取必要措施保证测量准确性，同时注明当时所采取的措施及气象情况。

（2）测量工况：测量应在被测声源正常工作时间进行，同时注明当时的工况。

2. 测点位置

（1）测点布设。

根据社会生活噪声排放源、周围噪声敏感建筑物的布局以及毗邻的区域类别，在社会生活噪声排放源边界布设多个测点，其中包括距噪声敏感建筑物较近以及受被测声源影响大的位置。

（2）测点位置。

一般情况下，测点选在社会生活噪声排放源边界外 1m、高度 1.2m 以上、距任一反射面距离不小于 1m 的位置。

关于测点位置还要注意以下几点。

① 当边界有围墙且周围有受影响的噪声敏感建筑物时，测点应选在边界外 1m、高于围墙 0.5m 以上的位置。

② 当边界无法测量到声源的实际排放状况时（如声源位于高空、边界设有声屏障等），应按前文设置测点，同时在受影响的噪声敏感建筑物户外 1m 处另设测点。

③ 测量室内噪声时，室内测量点位设在距任一反射面至少 0.5m 以上、距地面 1.2m 高度处，在受噪声影响方向的窗户开启状态下测量。

④ 社会生活噪声排放源的固定设备结构传声至噪声敏感建筑物室内，在噪声敏感建筑物室内测量时，测点应距任一反射面至少 0.5m 以上、距地面 1.2m、距外窗 1m 以上，在窗户关闭状态下测量。被测房间内的其他可能干扰测量的声源（如电视机、空调机、排气扇以及镇流器较响的日光灯、运转时出声的时钟等）应关闭。

3. 测量时段

分别在昼间和夜间两个时段测量。夜间有频发、偶发噪声影响时同时测量最大声级。被测声源是稳态噪声，采用 1min 的等效声级。

被测声源是非稳态噪声，测量被测声源有代表性时段的等效声级，必要时测量被测声源整个正常工作时段的等效声级。

4. 背景噪声测量

测量环境：不受被测声源影响且其他声环境与测量被测声源时保持一致。
测量时段：与被测声源测量的时间长度相同。

五、数据记录与处理

(1) 噪声测量时须做测量记录。记录内容主要包括：被测量单位名称、地址、边界所处声环境功能区类别、测量时气象条件、测量仪器型号、校准仪器型号、测点位置、测量时间、测量时段、仪器校准值（测前、测后）、主要声源、测量工况、示意图（边界、声源、噪声敏感建筑物、测点等位置）、噪声测量值、背景值、测量人员、校对人、审核人等相关信息。

(2) 测量结果修正。

① 噪声测量值与背景噪声值相差大于10dB(A)时，噪声测量值不作修正。

② 噪声测量值与背景噪声值相差在3～10dB(A)之间时，噪声测量值与背景噪声值的差值取整后，按表5-3进行修正。

③ 噪声测量值与背景噪声值相差小于3dB(A)时，应采取措施降低背景噪声后，视情况按前文执行；仍无法满足前两项要求的，应按环境噪声监测技术规范的有关规定执行。

表5-3 测量结果修正表　　　　　　　　　　　　　　　　　　单位：dB(A)

差值	3	4～5	6～10
修正值	−3	−2	−1

(3) 边界噪声排放限值。

① 社会生活噪声排放源边界噪声不得超过表5-4中的排放限值。

表5-4 社会生活噪声排放源边界噪声排放限值　　　　　　　　单位：dB(A)

边界外声环境功能区类别	时段	
	昼间	夜间
0	50	40
1	55	45
2	60	50
3	65	55
4	70	55

② 在社会生活噪声排放源边界处无法进行噪声测量或测量的结果不能如实反映其对噪声敏感建筑物影响程度的情况下,噪声测量应在可能受影响的敏感建筑物窗外1m处进行。

③ 当社会生活噪声排放源边界与噪声敏感建筑物距离小于1m时,应在噪声敏感建筑物的室内测量,并将表5-5中相应的限值减10dB(A)作为评价依据。

表 5-5　结构传播固定设备室内噪声排放限值　　　　　单位:dB(A)

噪声敏感建筑物声环境所处功能区类别	房间类型			
	A类房间		B类房间	
	昼间	夜间	昼间	夜间
0	40	30	40	30
1	40	30	45	35
2、3、4	45	35	50	40

说明:A类房间指以睡眠为主要目的、需要保证夜间安静的房间,包括住宅卧室、医院病房、宾馆客房等;B类房间指主要在昼间使用,需要保证思考与精神集中、正常讲话不被干扰的房间,包括学校教室、会议室、办公室、住宅中卧室以外的其他房间等。

(4) 结构传播固定设备室内噪声排放限值。

① 在社会生活噪声排放源位于噪声敏感建筑物内情况下,噪声通过建筑物结构传播至噪声敏感建筑物室内时,噪声敏感建筑物室内等效声级不得超过表5-6中的限值。

表 5-6　结构传播固定设备室内噪声排放限值(倍频带声压级)　　单位:dB(A)

噪声敏感建筑物所处声环境功能区类别	时段	房间类型	倍频带中心频率/Hz				
			31.5	63	125	250	500
			室内噪声倍频带压级限值				
0	昼间	A、B类房间	76	59	48	39	34
	夜间	A、B类房间	69	51	39	30	24
1	昼间	A类房间	76	59	48	39	34
		B类房间	79	63	52	44	38
	夜间	A类房间	59	51	39	30	24
		B类房间	72	55	43	35	29
2、3、4	昼间	A类房间	79	63	52	44	38
		B类房间	82	67	56	49	43
	夜间	A类房间	72	55	43	35	29
		B类房间	76	59	48	39	34

② 对于在噪声测量期间发生非稳态噪声（如电梯噪声等）的情况，最大声级超过限值的幅度不得高于10dB(A)。

六、注意事项

（1）测量仪器和校准仪器应定期检定合格，并在有效使用期限内使用；每次测量前后必须在测量现场进行声学校准，其前后校准示值偏差不得大于0.5dB(A)，否则测量结果无效。

（2）测量时传声器加防风罩。

七、思考题

尝试提出减少社会生活环境噪声污染的措施。

第六章 课堂综合性实验设计

实验一 校园水环境监测方案

一、实验目的

（1）运用本书中的理论知识及实验方法，查阅相关文献，收集取样点基础资料，根据现场调查确定监测断面和采样点。结合区域水文地质背景，评估校园内地表水水质状况，独立设计实验方案，得出结论并给出用水建议。

（2）掌握测量 pH 值、电导率、溶解氧、浊度、碱度、六价铬和氨氮等指标的样品前处理技术、测定原理和方法。

二、实验要求

分组进行实验，根据校园内以及周边地表水的实际情况，设计合适的实验方法，在调查、收集并整理区域水文地质资料的基础上，在图 6-1 所示的校园范围内（静湖水域），确定采样点、采样方式、样品保存方法和测定方法。

三、实验仪器与材料

（1）采样器、烧杯、容量瓶、洗瓶、滤膜、移液枪等。

（2）紫外可见分光光度计、pH/ORP/电导率/溶解氧测量仪、离子色谱仪、电感耦合等离子质谱仪等。

四、实验试剂

酚酞指示剂、甲基橙指示剂、盐酸、硝酸、酒石酸钾钠、高锰酸钾溶液、氢氧化钠等。

五、实验步骤

1. 样品采集

根据实验方案采集水样。确定好水样的采集布点、水样种类及数量；准备好采样所

图 6-1　静湖水域

需保护剂(如盐酸)、采样瓶等;采集水样时现场贴标签,做好记录。采集到的水样必须具有足够的代表性,并且不能受到任何意外的污染。

2．水样预处理

确定每一个测试项目对水样的预处理要求、消除干扰要求和保存要求;提前调试预处理需要使用的仪器(如 pH/ORP/电导率/溶解氧测量仪),准备所需试剂;对采集水样进行预处理并按要求保存。

3．水样指标测定

鉴于地区水质状况的不同以及实验室设施的特点,需要确定水样指标测定方法,并制订详细的实验步骤;调试测试仪器设备,准备实验试剂;对各项指标进行测定,观察并记录实验现象和数据。

六、数据记录与处理

自主设计实验记录表,详细记录现场样品采集情况、实地测试数据以及室内各项实验数据,并加以分类整理。

监测报告至少包括监测小组成员、监测目的、现场调查、监测方法、试剂的配制、仪器的调试、样品的采集和保存、数据的分析和处理。

七、校园河流水质评价

采样人员详细描述采样点及其周围环境,记录监测过程中出现的异常情况,并对所得监测结果进行全面总结。通过分析本组各个采样时段内不同指标的变化规律,找出污染情况的特征。最后,将其与其他组相应结果进行比较,以得出该采样点的污染程度。

实验二　校园土壤环境质量监测方案

一、实验目的

(1) 运用本书中的理论知识及实验方法,查阅相关文献,对校园内土壤进行监测分析,掌握土壤监测方案的设计过程和方法,根据土壤监测数据和标准评价土壤环境质量现状。

(2) 掌握测量土壤 pH 值、水分、盐度、氨氮、有效磷以及重金属含量等的前处理方法以及测定原理和方法。

二、实验要求

分组进行实验,根据图 6-2 校园内以及周边土壤环境的实际情况,设计合适的实验方法,掌握土壤监测方案的制定过程和方法,土壤监测点的优化布设,土壤监测采样方法以及土壤环境监测因子的确定和检测,并撰写实验报告,根据数据评价土壤环境现状。

三、实验仪器与材料

(1) 锥形瓶、容量瓶、烧杯、土壤筛、具塞比色管等。

(2) pH/ORP/电导率/溶解氧测量仪、紫外可见分光光度计、离心机、烘箱、测汞仪、万分位电子天平、恒温水浴装置等。

四、实验试剂

硫酸、硝酸、盐酸、氢氧化钠、抗坏血酸、标准缓冲溶液、金属元素标准贮备液等。

图 6-2 校园内及周边环境

五、实验步骤

1. 样品的采集与制备

土壤样品的采集是土壤监测工作中的一个重要环节，是关系到监测结果和由此得到的结论是否正确的一个先决条件，因此必须选择有代表性的地点和土壤。校园土壤是校园所在地区土壤的一部分，应根据所在地区土壤的特点，在掌握采样原则的基础上，采集校园土壤样品，主要包括采样前期准备、现场勘查和采样等环节。

在对不同采样点的土壤进行采样时，首先要用 GPS 确定采样坐标点位，并以数码照片的形式记录下来。采样取土壤表层，深度在 15cm 左右。必须认真填写整个采样过程中的各种采样工作记录，并对所有样品进行存档处理。样品采集 1kg 左右，装入样品袋（或将样品置于玻璃瓶内）。采样的同时，由专人填写样品标签、采样记录：标签一式两份，一份放入袋中，另一份系在袋口，标签上标注采样时间、采样地点、样品编号、监测项目、采样深度和经纬度。采样结束后，须逐一检查采样记录、样品袋标签和土壤样品，如有缺项和错误，应及时补齐和更正。将底土和表土按原层回填到采样坑中，方可离开现场，并在采样示意图上标出采样地点。

2. 风干流程

将所有采集到的土样放到风干室中，清除土样中的各种砖瓦石块、动植物残体等。对土样进行摊平处理，将土样均匀摊铺成 2～3cm 的薄层，并不断地翻动土样，再将处理之后的土样放置阴凉位置自然风干。

3. 粗磨分样

将风干的样品倒在有机玻璃板上，用木槌敲打，用木棍、木棒、有机玻璃棒压碎，拣出杂质，混匀，并用四分法取压碎样，过孔径为 0.85mm（20 目）土壤筛。过筛后的样品全部置于无色聚乙烯薄膜上，并充分搅拌混匀。

4. 细磨分样

将部分粗磨样品分成两份细磨：一份研磨至可全部通过孔径为 0.25mm（60 目）土壤筛，用于土壤有机质、土壤全氮量等项目分析；另一份研磨至可全部过孔径为 0.15mm（100 目）土壤筛，用于土壤元素分析。

六、数据记录与处理

（1）自主设计实验记录表，详细记录现场样品采集情况、实地测试数据以及室内各项实验数据，并加以分类整理。

（2）监测报告内容至少包括任务来源、监测目的、现场调查、组织和人员分工、监测计划制订、准备工作、计划实施、质量保证（或实验室质量控制）、采样和样品保存、运输、实验室分析、数据处理、土壤环境质量评价、区域环境质量状况结论等内容。

七、注意事项

（1）质量保证是环境监测十分重要的技术工作和管理工作。为了保证土壤监测数据具有代表性、准确性、精密性、可比性和完整性，必须要开展全过程进行质量控制，主要包括监测方案的制定，采样点布设，样品采集、运输和制备，实验室分析和数据处理等环节。

（2）监测数据是环境监测工作的直接体现。实验中要从以下 3 个方面加强处理监测数据的能力：首先，监测过程的原始记录必须做到准确、清晰，能确保反映监测全过程的情况；其次，监测数据的统计分析方法要正确，主要包括可疑数值的取舍、方差齐性检验和统计分析等；最后，根据土壤环境质量标准，采用恰当的评价方法确定土壤中的污染情况。

实验三　校园空气质量监测方案

一、实验目的

(1) 监测并评价校园内的空气质量。

(2) 通过实验进一步巩固本书中的相关知识，深入了解测定空气环境中各污染因子(如 PM_{10}、$PM_{2.5}$、甲醛以及氮氧化物等)的具体采样方法、分析方法以及数据处理方法等。

(3) 掌握空气监测方案的设计过程和方法，根据空气环境监测数据和标准评价空气环境质量现状。

二、实验要求

分组开展空气质量监测实验，设计合适的监测方案，在现场调查的基础上，根据布点采样原则，确定采样点采样频率和时间，掌握测定空气中污染因子的采样和监测方法。根据污染物监测结果，撰写实验报告，描述和评价空气质量状况。

三、实验仪器与材料

切割器、滤膜、万分位电子天平、甲醛快速测定仪、大气颗粒综合采样器、紫外可见分光光度计等。

四、实验试剂

硫酸、氢氧化钠、高锰酸钾溶液、甲醛吸收液等。

五、实验步骤

1. 调研和收集资料

(1) 监测大气污染源、数量、方位及污染物的种类、排放量、排放方式，同时了解所用原料、燃料及消耗量。

(2) 监测区交通运输引起的污染情况。

(3) 监测时段校园的气象资料，包括风向、风速、气温、气压、降水量和相对湿度等。

(4) 监测区在城市中的地理位置。

(5) 市环保局在学校或周边的历年监测数据。

2. 采样点的布设

(1) 根据功能区布设采样点,如教学区、实验区、操场和居住区等。

(2) 各校门口,如在靠近交通主干道的门口和车流量少的门口,分别布点。

3. 采样时间和采样频率

根据污染状况和特点确定采样时间、频率,一般是每个点每天采样3次。

4. 监测分析

根据第四章的相关知识,比较各种方法的特点,根据实验的条件选择合适的测定方法,对各污染因子开展监测实验。

六、数据记录与处理

(1) 自主设计实验记录表,详细记录现场样品采集情况、实地测试数据以及室内各项实验数据,并加以分类整理。

(2) 监测报告至少包括监测小组成员、监测目的、现场调查、监测方法、试剂的配制、仪器的调试、样品的采集和保存、数据的分析和处理。

七、校园空气质量评价

(1) 采样人员介绍采样点的周围环境,以及监测过程中出现的异常问题,对本组所得监测结果进行总结;找出本组各采样时段内不同指标的变化规律;与其他组的相应结果进行比较,评价本采样点周围的空气质量。

(2) 分析校园空气质量现状,找出影响校园空气质量现状的原因,提出改善校园空气质量的建议和措施。

实验四 校园噪声环境质量监测方案

一、实验目的

(1) 掌握环境噪声监测方案的制订过程和方法,学会环境噪声监测点的布设和优化。

(2) 掌握声级计的使用方法,并会用标准声源对其进行校准。

(3) 学会噪声监测数据的处理方法,了解监测报告的组成和内容。

(4) 掌握声环境质量的评价方法。

二、实验要求

分组进行实验,根据校园内以及周边声环境的实际情况,设计合适的实验方案,对校园内噪声进行监测分析,并撰写实验报告,描述和评价校园内声环境质量状况。

三、实验仪器与材料

声级计、计数器等。

四、实验步骤

1. 制定监测方案

(1) 现场调查及相关资料的收集:查找或自己绘制校园的平面布置图,通过现场踏勘,对校园进行合理的功能分区;查找并标出校园主要的噪声源。

(2) 根据调查情况,合理布设监测点位,并将监测点标注在校园平面图中,绘制监测布点图。

(3) 确定监测时间、监测频率和监测量(监测内容)。

(4) 根据监测内容设计并制作相关实验记录表格。

(5) 确定监测数据处理方法、结果表达形式、评价方法。

(6) 制订实施计划,准备相关仪器设备,人员分组、分工。

2. 现场监测

将学校的平面图按比例划分为 25m×25m 的网格(若学校面积大可将网格尺寸放大),测点选在每个网格的中心。若中心点的位置不宜测量,可移到旁边能够测量的位置。

每组配置一台声级计,按顺序到各网点测量,时间以 8～17h 为宜,每个网格至少测量 4 次,每次连续读 200 个数。

读数方式用慢挡,每隔 5s 读 1 个瞬时 A 声级,连续读取 200 个数据。同时还要判断和记录附近主要噪声源(如交通噪声、施工噪声、工厂噪声)和天气条件。

五、数据记录与处理

（1）自主设计实验记录表，详细记录现场样品采集情况、实地测试数据以及室内各项实验数据，并加以分类整理。

（2）校园环境噪声平均值计算：将整个校园每个监测点的等效声级按下式计算算术平均值，分别得到昼间平均等效声级$\overline{S}_d$和夜间平均等效声级$\overline{S}_n$。

$$\overline{S} = \frac{1}{n}\sum_{i=1}^{n} L_i$$

式中：$\overline{S}$表示城市区域昼间平均等效声级$\overline{S}_d$或夜间平均等效声级$\overline{S}_n$[dB(A)]；L_i表示第i个监测点测得的等效声级[dB(A)]；n表示监测点总个数。

六、校园声环境质量评价

依据计算得到的校园昼间平均等效声级$\overline{S}_d$和夜间平均等效声级$\overline{S}_n$，参照表5-1城市区域环境噪声总体水平等级进行校园的环境噪声水平评价。

七、注意事项

（1）测量仪器声级计精度为2级或2级以上，传声器膜片应保持清洁，测量前后应使用标准声源对声级计进行校准。

（2）测量应在无雨雪、无雷电天气，风速在5m/s以下时进行，风力在3级以上时必须加风罩（以避免风噪声干扰），5级以上时应停止测量。

（3）一般户外应在距离任何反射物（地面除外）至少3.5m外测量，传声器距地面高度为1.2m以上。必要时可置于高层建筑上，以扩大监测受声范围。监测点在噪声敏感建筑物户外时，应距墙壁或窗户1m，传声器距地面高度为1.2m以上。

主要参考文献

曹李靖,潘欢迎,2013.水分析实验教程[M].武汉:中国地质大学出版社.

崔玉波,刘丽敏,2017.环境检测实训教程[M].北京:化学工业出版社.

邓晓燕,初永宝,赵玉美,2014.环境监测实验[M].北京:化学工业出版社.

国家环境保护总局,2007.水质 化学需氧量的测定 快速消解分光光度法:HJ/T 399—2007[S].北京:中国环境科学出版社.

环境保护部,2000.固定污染源排气中一氧化碳的测定 非色散红外吸收法:HJ/T 44—1999[S].北京:中国环境科学出版社.

环境保护部,2009.环境空气 氨的测定 次氯酸钠-水杨酸分光光度法:HJ 534—2009 [S].北京:中国环境科学出版社.

环境保护部,2009.环境空气 氮氧化物(一氧化氮和二氧化氮)的测定 盐酸萘乙二胺分光光度法:HJ 479—2009[S].北京:中国环境科学出版社.

环境保护部,2009.水质 氨氮的测定 水杨酸分光光度法:HJ 536—2009[S].北京:中国环境科学出版社.

环境保护部,2009.水质 溶解氧的测定 电化学探头法:HJ 506—2009[S].北京:中国环境科学出版社.

环境保护部,2017.便携式溶解氧测量仪技术要求及检测方法:HJ 925—2017[S].北京:中国环境科学出版社.

环境保护部,2011.环境空气 PM_{10} 和 $PM_{2.5}$ 的测定 重量法:HJ 618—2011[S].北京:中国环境科学出版社.

环境保护部,2011.土壤 干物质和水分的测定 重量法:HJ 613—2011[S].北京:中国环境科学出版社.

环境保护部,2011.土壤 总磷的测定 碱熔-钼锑抗分光光度法:HJ 632—2011[S].北京:中国环境科学出版社.

环境保护部,2012.水质 总氮的测定 碱性过硫酸钾消解紫外分光光度法:HJ 636—2012[S].北京:中国环境科学出版社.

环境保护部,2012.土壤 氨氮、亚硝酸盐氮、硝酸盐氮的测定 氯化钾溶液提取-分光光度法:HJ 634—2012[S].北京:中国环境科学出版社.

环境保护部,2013.土壤和沉积物　汞、砷、硒、铋、锑的测定　微波消解/原子荧光法:HJ 680—2013[S].北京:中国环境科学出版社.

环境保护部,2014.水质　汞、砷、硒、铋和锑的测定　原子荧光法:HJ 694—2014[S].北京:中国环境科学出版社.

环境保护部,2014.土壤　有效磷的测定　碳酸氢钠浸提-钼锑抗分光光度法:HJ 704—2014[S].北京:中国环境科学出版社.

环境保护部,2016.水质　无机阴离子的测定　离子色谱法:HJ 84—2016[S].北京:中国环境科学出版社.

环境保护部,2016.土壤和沉积物　12种金属元素的测定　王水提取-电感耦合等离子体质谱法:HJ 803—2016[S].北京:中国环境科学出版社.

环境保护部,2020.环境空气　二氧化硫的自动测定　紫外荧光法:HJ 1044—2019[S].北京:中国环境科学出版社.

江锦花,2021.环境监测实验[M].杭州:浙江大学出版社.

邱诚,周筝,2020.环境监测实验与实训指导[M].北京:中国环境出版集团.

全国气候与气候变化标准化技术委员会大气成分观测预报预警服务分技术委员会,2013.大气中甲醛测定　酚试剂分光光度法:QX/T 216—2013[S].北京:气象出版社.

生态环境部,1987.水质　六价铬的测定　二苯碳酰二肼分光光度法:GB 7467—1987[S].北京:中国环境科学出版社.

生态环境部,1989.水质　悬浮物的测定　重量法:GB 11901—1989[S].北京:中国标准出版社.

生态环境部,1989.水质　总磷的测定　钼酸铵分光光度法:GB 11893—1989[S].北京:中国环境科学出版社.

生态环境部,1991.水质　浊度的测定:GB 13200—1991[S].北京:中国标准出版社.

生态环境部,2018.土壤　pH值的测定　电位法:HJ 962—2018[S].北京:中国环境科学出版社.

生态环境部,2020.水质　pH值的测定　电极法:HJ 1147—2020[S].北京:中国环境科学出版社.

孙成,鲜啟鸣,2019.环境监测[M].北京:科学出版社.

奚旦立,2019.环境监测[M].5版.北京:高等教育出版社.

奚旦立,2019.环境监测实验[M].2版.北京:高等教育出版社.

严冰,张亚男,徐佳丽,2023.水文地球化学附水分析实验教程[M].武汉:中国地质大学出版社.

中国林业科学研究院林业研究所,1999.森林土壤有机质的测定及碳氮比的计算:LY/T 1237—1999[S].北京:中国林业出版社.

中华人民共和国农业部,2012.土壤检测 第24部分:土壤 全氮的测定 自动定氮仪法:NY/T 1121.24—2012[S].北京:中国农业出版社.

中华人民共和国卫生部,2002.空气中氡浓度的闪烁瓶测量方法:GBZ/T 155—2002[S].北京:人民卫生出版社.